第三章

工程实例：某文体活动中心工程建筑施工图

某文体活动中心工程建筑施工图

图纸目录

序号	图 纸 名 称	图 幅	图 号
01	建筑设计说明	A1	建施-01
02	建筑设计说明讲解	A1	
03	地下一层平面图	A1	建施-02
04	地下一层平面图讲解	A1	
05	一层平面图	A1	建施-03
06	一层平面图讲解（一）	A1	
07	一层平面图讲解（二）	A1	
08	一层平面图讲解（三）	A1	
09	一层平面图讲解（四）	A1	
10	二层平面图	A1	建施-04
11	二层平面图讲解（一）	A1	
12	二层平面图讲解（二）	A1	
13	二层平面图讲解（三）	A1	
14	三层平面图	A1	建施-05
15	三层平面图讲解（一）	A1	
16	三层平面图讲解（二）	A1	
17	三层平面图讲解（三）	A1	
18	三层平面图讲解（四）	A1	
19	屋顶平面图	A1	建施-06
20	屋顶平面图讲解（一）	A1	
21	屋顶平面图讲解（二）	A1	
22	立面图（一）	A1	建施-07
23	立面图（二）	A1	建施-08
24	立面图（一）讲解	A1	
25	立面图（二）讲解	A1	
26	剖面图	A1	建施-09
27	剖面图讲解	A1	
28	楼梯详图（一）	A1	建施-10
29	楼梯详图（一）讲解	A1	
30	楼梯详图（二）	A1	建施-11
31	楼梯详图（二）讲解	A1	
32	卫生间详图 电梯详图	A1	建施-12
33	卫生间详图讲解	A1	
34	电梯详图讲解	A1	
35	门窗详图	A1	建施-13
36	门窗详图讲解	A1	
37	墙身详图（一）	A1	建施-14
38	墙身详图（二）	A1	建施-15
39	墙身详图讲解	A1	

统计 共计 张。

工程名称	某文体活动中心工程	图名	建筑施工图纸目录	日期	
子项				图号	

图3-1 图纸目录

第三章　工程实例：
某文体活动中心工程建筑施工图

一、设计依据
1. 某规划委员会的规划意见书（公共建筑）。
2. 某文体活动中心设计任务书。
3. 《建筑设计防火规范》（GB 50016—2014）。
4. 《民用建筑设计通则》（GB 50352—2005）。
5. 《公共建筑节能设计标准》（DB 11/687—2015）。
6. 其他现行国家有关建筑规范、规定。

二、工程概况
1. 性质：文体活动中心。
2. 位置：本工程用地位于某地块。
3. 建筑层数、高度：
本建筑适用于某文体活动中心。
建筑高度为：13.15m，地上3层，地下1层。
总建筑面积：2939.24m²，其中地上建筑面积：2215.13m²，地下建筑面积：724.11m²。
4. 本工程为多层建筑，耐火等级二级，抗震设防烈度8度，结构设计使用年限50年。
5. 本工程设计高度±0.000m相当于绝对高程数值详见施工图平面图。室内外高差300mm。
6. 室内标高为完成面标高，屋顶标高为结构面标高。
本工程标高以米（m）为单位，尺寸以毫米（mm）为单位。
7. 结构类型：框架结构。

三、墙体
1. 本建筑为钢筋混凝土框架结构。非承重外墙、墙柱等采用轻集料混凝土空心砌块填充，厚度200mm、300mm，部位详见图纸。
2. 内隔墙均为轻集料混凝土空心砌块，厚度详平面图。轻集料混凝土砌块构造柱设置见结构设计专业图纸。
3. 不同墙面交界处均加钢网布或纤维防止开裂，宽度500mm。
4. 当主管沿墙敷设时，待管线安装完毕后做防水，做法见二次装修竖井墙（除钢筋混凝土外墙）壁做防水粘抹灰。
5. 凡有抹面的门窗洞口及内墙阳角处均应采用1：2.5水泥砂浆包角，每边宽度80mm，包角高度距楼面不小于2m。
6. 在砼300mm×300mm的墙门口处均需过梁，如加门需过梁。
7. 内外装修面均采用干拌混凝土与干拌混凝土。

四、屋面
屋1（彩色水泥瓦）：12BJ1-1坡屋1-A1。
屋2（雨篷等屋面）：做法见12BJ2-11-37页4a。
施工方法及屋面节能做法：
（1）各朝向外窗窗墙比（表2）。

五、门窗
1. 外窗用断桥铝合金中空玻璃窗，门窗立面形式、颜色看样订货，开启方式、门窗用料详见门窗大样图，门窗数量见门窗表。
2. 门窗立樘位置：门窗立樘位置除注明外，双向平开门立樘居中，单向平开门立樘开启方平。
外门窗气密性、水密、抗风压性能分级及检测方法》（GB/T 7106—2008）6级不低于本页节能设计。
3. 门窗加工尺寸要按门窗实际尺寸加工。
4. 内门立樘加工尺寸要严按本内装修实际制作。
5. 门窗立樘应符合《铝合金门窗工程技术规范》（JGJ 214—2010）；开启外窗均带纱扇。
6. 出入口采用玻璃门，安全玻璃断桥应采用安全玻璃。
7. 面积大于1.5m²的玻璃均采用安全玻璃。距地0.6～1.2m高度内，不应装易碎玻璃。

六、外装修
本工程外装修为涂料饰面，做法详12BJ1-1 B6页外涂2-1。
本设计外立面、材料做法详见材料做法表，规格及排列方式详图纸，材质、颜色要求须提供样本，由建设单位和设计单位认可。

七、室外工程
室外挑檐、雨篷、台阶、坡道、散水等工程做法见平面图。

八、内装修
此工程仅做到初装修，精装修各用户自理。房间用料表仅供参考。
本工程设计室内装修部分所选材料和装修材料必须符合《民用建筑工程室内环境污染控制规范》（GB 50325—2010）及《建筑内部装修设计防火规范》（GB 50222—1995）。
1. 房间装修前楼地面做找平层，墙面以砂浆打底，顶棚板面脱模去。
2. 凡设吊顶间内墙面抹灰高度应至吊顶上200mm。
3. 凡有地面水的房间应做防水，图中未注明要求的楼地面均做坡度，在地面周围1m范围内做2%坡度坡向地漏；卫生间（无障碍卫生间除外）、设备间等有水房间的楼地面应低于相邻地面高度30mm。
4. 凡外露构件在涂漆前需做除锈和防腐处理，所有铁制和木制预埋件均做防锈和防腐处理。
5. 图纸、墙身留洞均应在待货后经核实无误方可施工，如设备基础完工后再施楼面。
6. 所有栏杆及百页的样式及与墙体固定方式均由厂家提供。所有护栏扶手处，高度大于0.5m时，栏杆的垂直杆件间距不大于0.11m，水平段高度大于20mm。栏杆高度1.05m。室外楼梯扶手高度1.1m。有楼梯栏杆均参10BJ12-1，防坡收缩：成品垃圾斗，统一管理。
7. 踢角收缩：成品踢脚板，统一管理。
8. 所有栏杆及百页的样式及与墙体固定方式均由厂家提供。
9. 人员经常接触的1.30m以下部位粗糙处，室内应采用光滑易清洁的材料，墙角及暖气槽（参11BJ35-1 26页）、窗口竖边阳棱角部位必须做成圆角，
10. 经常接触的1.30m以下部位粗糙处，室内应采用光滑易清洁的材料，墙角及暖气槽（参11BJ35-1 26页）、窗口竖边阳棱角部位必须做成圆角。
11. 本工程夏季采用分体空调制冷，空调冷凝水管集中设置，具体位置详见建筑和暖通专业图纸。
12. 穿过墙体的暗装设备箱背后挂钢板网抹灰，然后按房间用料表面饰面层。留洞位置详见平面及详图。凡需暗包消火栓部位，以室内装修设计确定。
13. 设备箱体预留洞表详见平面图。

九、无障碍说明
1. 首层入口设无障碍坡道，见平面图。
2. 建筑入口坡道、公共卫生间等处均按无障碍标准设置无障碍标志。
3. 卫生间内与坐便器相邻墙面应设水平高0.70m的"L"形安全扶手或"Π"形落地式安全扶手。
水盆一侧墙壁应设安全扶手。
4. 各层供轮椅通行的门扇均选用12BJ13-3，详见。无障碍卫生间地面低于楼地面15mm，并以缓坡过渡。扶手详10BJ12-11，C10页，详见。无障碍卫生间地面低于楼地面15mm，并以缓坡过渡。
5. 3～6条 第3.9.3-3条的规定。
6. 无障碍电梯设置均满足《无障碍设计规范》（GB 50763—2012）第3.5.3-6条，第3.9.3-3条的规定。
7. 无障碍电梯设置均满足《无障碍设计规范》（GB 50763—2012）第8.1.4条的规定。

十、保温、节能
1. 本建筑为乙类建筑，执行北京市《公共建筑节能设计标准》（DB 11/687—2015）。
2. 设计建筑，朝向南北向，体形系数见表2。
3. 屋顶、外墙等部位均采用外保温体系，墙身细部、女儿墙、勒脚等处均做保温处理，做法见12BJ2-11图集。
4. 屋顶、外墙等部位围护结构节能设计。

表1

序号	部位	保温材料	保温材料厚度/mm	构造做法	传热系数/[kW/(m²·K)]
1	屋面	屋1	钢网岩棉板	80	坡屋1-A1	0.51
2	外墙	外墙1	HIP真空绝热板	20	12BJ2-11 外墙A10	0.32
3	非采暖空调间与采暖空调间	隔墙	玻化微珠保温砂浆	35	12BJ1-1 内墙温2B	1.39
		楼板	喷超细无机纤维		12BJ2-11 棚温3A	1.25
4	接触室外空气的架空或外挑楼板		硬泡聚氨酯	50	12BJ2-11-37-1	0.48

注：设计建筑外墙部位补充说明：
（1）平屋顶保温包括屋顶上人平台。
（2）外墙为：轻集料混凝土空心砌块外墙保温构造。
（3）做法详见图集12BJ2-11。
（4）外门及屋顶天窗节能设计。
（5）各朝向外窗窗墙比（表2）。

表2

项目	窗墙比				体形系数	层数
楼号	南向	北向	东向	西向		
文体活动中心	0.27	0.24	0.13	0.16	0.25	3

（2）外门、屋顶天窗构造做法及性能指标：

表3

序号	部位	框料选型	玻璃种类	间隔层厚度/mm	传热系数/[kW/(m²·K)]	遮阳系数
1	外门窗	断桥铝合金	中空	12（空气）	2.8	0.62

（3）外窗气密性能不低于《建筑外窗气密性能分级及检测方法》（GB/T 7107—2008）的6级水平，幕墙气密性能不低于现行国家标准《建筑幕墙》（GB/T 21086—2007）中规定的2级。在设计洞口平外墙皮，外窗框与墙体缝隙采用高效保温材料填实。可见光透射比为75%，满足限值要求。

十一、室内防水、防潮
1. 卫生间等需要防水的楼地面均采用1.5厚聚合物水泥基防水涂料，做法见房间用料表。
2. 卫生间等需要防水的楼地面的防水涂料应沿四周墙面高起250。墙面防水应高至距地1800。
3. 有防水要求的房间穿楼板立管均应预埋防水套管，防止水渗漏，做法见91SB3。
4. 屋面防水等级为Ⅱ级，合理使用年限15年。外排水方式，泄水管内径70mm。管材用UPVC。
5. 防水构造要求：屋面、外墙、卫生间、水池等防水做法详见相关的节点大样图，图中所用做法应参见08BJ5-1，88J8图集。突出建筑物30，管道与套管间用麻油灰填塞密实。
6. 工程中所用防水材料，必须经过有关部门认证合格。
7. 严格执行《屋面工程施工质量验收规范》（GB 50345—2012）、《屋面工程质量验收规范》（GB 50207—2012）及其他有关施工验收规范。
8. 防水材料进场后需做取样试验，合格后，方可进行下一道工序，并在后续作业和安装中确保防水层不被破坏。
9. 地下室地下防水均采用钢筋混凝土结构用为双层BAC双面自粘防水卷材（3mm+3mm），防水保护层用60厚模塑聚苯板，做法见10BJZ50第10页E1、E11。

十二、防火
1. 本建筑周边有4米宽消防通道及距市政道路小于15m，满足消防要求。
2. 本工程的耐火等级为二级。
3. 本工程为一个单体工程：地上部分每层为一个防火分区，面积均小于2500m²；

地下部分为两个防火分区，防火分区一建筑面积为：301.56m²，防火分区二建筑面积为：334.07m²，面积均小于允许最大防火分区面积500m²。
4. 疏散宽度：地上为2.8m，需要的疏散宽度为2.8m，实际疏散宽度为3.20m，设2部疏散楼梯均为疏散楼梯。地上最多层数人数为280人，实际疏散宽度为3.20m，设2部疏散楼梯均为疏散楼梯。
5. 本建筑防火门采用88J13-4图集，各类防火门参阅图集。
6. 防火墙装修楼梯装饰材料防火性能《建筑内部装修设计防火规范》（GB 50222—1995）选材施工。
7. 水暖专业在埋穿楼板套管管及竖井每层板满足时，用相当于楼板耐火等级的非燃烧体在管道四周做防火分隔，在管道竖井安装完毕后在每层楼板处补浇混凝土封堵。详见结构专业图纸。
8. 本工程建筑外保温及外墙外装饰执行公安部、住建部发的公通字[2009]46号文《民用建筑外保温及外墙装饰防火暂行规定》的相关规定。首层面厚度不应小于6mm，其他各层不应小于3mm。

十三、室内环境污染控制篇
1. 所使用的砂、石、砌块、水泥、混凝土、混凝土预制构件等无机非金属建材的放射性限量要求，并符合《民用建筑工程室内环境污染控制规范》（GB 50325—2010）的规定。
2. 非金属装修材料（如石材、建筑卫生陶瓷、石膏板、吊顶材料、无机宽质砖装饰板等）放射性限量应符合《民用建筑工程室内环境污染控制规范》（GB 50325—2010）的规定。立即分科设计铝合金门。
3. 所使用的能释放氨的阻燃剂、混凝土外加剂，氨的释放量不应大于0.10%。
4. 甲方提供现场土壤氡浓度及土壤氡析出率检测报告，根据其结果应采取防氡措施，如需采取措施应符合GB 50325—2010第4.2.4、4.2.5、4.2.6条的规范。
5. 所建筑材料（含室内装修材料）应选择无污染的建筑材料，室内空气污染活度和浓度应符合要求。
6. 楼板的撞击声隔声性能及楼板的加权标准化撞击声声压级不应大于75dB。

十四、太阳能设计
1. 太阳能热水系统应在相邻建筑日照、安装部位的安全防护等方面执行《民用建筑太阳能热水系统应用技术规范》（GB 50364—2005）。
2. 建筑物上安装太阳能热水系统，不得降低相邻建筑的日照标准。
3. 在安装太阳能热水系统的部位应采取防止太阳能热水器损坏时各部件坠伤人的安全防护措施。
4. 太阳能热水系统的结构设计应为太阳能热水系统安装埋设预埋件或其他连接件，连接件与主体结构的锚固承载力设计值应大于连接件本身的承载力值。
5. 轻型屋面不应作为太阳能集热器的支承结构。

十五、其他
1. 本施工图配合各专业图纸综合施工，注意预留孔洞、预埋件，不得后凿剔作。
2. 预埋木砖均做防腐处理，露明铁件做防锈处理。
3. 两种材料的墙体交接处，在做饰面前均须加钢丝网，防止开裂。
4. 凡涉及颜色、样式，应在施工前提供样品及样板，经建设单位认可后，方可订货、施工。
5. 本说明内未尽事宜应按现行有关规范及验收规范执行。

图例： ≥比例1：100时 比例<1：100时
钢筋混凝土墙、柱 ▨ ▨
轻集料混凝土砌块 ▩ ▩

门窗表

类型	设计编号	洞口尺寸[（宽mm×高mm）]	采用的标准图及其编号		门窗类型	门窗数量				
			图集代号	编号		地下层	一层	二层	三层	合计
门	0820FM丙	800×2000	88J13-4	参1520GF1	丙级防火门	2				2
	1220FM丙	1200×2000		参1520GF1		1	1	1	1	4
	1121FM乙	1100×2100	88J13-4	参1021GF1b	丙级防火门	1				1
	1421FM	1400×2100		参1421GF1b	乙级防火门	2				2
	1521FM甲	1500×2100	12BJ13-3	参1521GF1	甲级防火门	2				2
	1520FM乙	1500×2000		参1521GF1	甲级防火门	4				4
	1021FM甲	1000×2100	12BJ13-3	参1521GF1	甲级防火门	2				2
	0721M	700×2100	12BJ13-3	参0721M1	夹板木门	2				2
	0921M	900×2100	12BJ13-3	参0921M1	同上	3	1	2	3	8
	1021M	1000×2100	12BJ13-3	参1021M1	同上	5	11	9		25
	1221M	1200×2100	12BJ13-3	参1221M1	同上		2			2
	1521M	1500×2100	12BJ13-3	参1521M1	同上					
	1531M	1500×3100	厂家订做	立面分格图	铝合金门					
	1031M	1000×3100			铝合金门					
	3031MC	30×3100			门联窗					
	4238MC	4200×3850			同上					
	0922C	900×2200			铝合金窗					
	1022C	1000×2200			同上	1	4	6	4	15
	1118C	1100×1800			同上					
	1522C	1500×2200			同上					
	1818C	1800×1800			同上		12			12
窗	1809C	1800×900			同上					
	2409GC	2400×900			同上					
	6422HC	6400×2200			同上	1				1
	2422C	2400×2200			同上					
	3529C	3500×2900			同上					
	1022C	1000×2200			同上					

电梯选型表

编号	类别	型号	乘客人数	载重/kg	速度/（m/s）	数量	停站层	备注
1	货梯	奥的斯 GeN2 P13-09-1.0-L	13	1000		1	3	符合无障碍要求

房间用料表（地上部分）

部位	房间名称	楼地面		踢脚/墙裙		内墙		顶棚		备注
		做法	燃烧性能	做法	燃烧性能	做法	燃烧性能	做法	燃烧性能	
	活动室 声乐培训室 多功能厅 健身房 试听室 才艺培训 阅览室 办公室 舞蹈培训 教室休息室 值班室 活动室 青年活动室 科技活动室	楼12B（铺地砖楼面）50厚	B1	石塑卷材踢脚（300高）	B1	内墙3 内涂1（乳胶漆墙面）	A	棚14B 内涂1（乳胶漆顶棚）石膏板吊顶	A	
	楼梯间	楼13B（石塑卷材防滑地砖楼面）30厚	B1	石塑卷材踢脚（100高）	B1	内涂1（乳胶漆墙面）	A	棚2A 内涂1（乳胶漆）	A	
	门厅 门斗 走廊 电梯厅	楼12B（铺地砖楼面）50厚	B1	石塑卷材踢脚（300高）	B1	内涂1（乳胶漆墙面）	A	棚2A 内涂1（乳胶漆）石膏板吊顶	A	
	卫生间 淋浴间 残卫	楼13F（石塑卷材防滑地砖楼面）结构降板130	B1	石塑卷材踢脚（100高）	B1	内墙9 薄型面砖墙面	A	棚20A（铝方板吊顶）	A	
	设备管井	楼3D 水泥楼面 30厚 水泥地面	A	踢2（水泥砂浆踢脚）（100高）	A	内墙4 耐水腻子	A	棚3	A	
	消防控制室	楼39B 导静电通体薄型面砖楼面	B1	石塑卷材踢脚（300高）	B1	内涂1（乳胶漆墙面）	A	棚14B 内涂1（乳胶漆）石膏板吊顶	A	

房间用料表（地下部分）

部位	房间名称	楼地面		踢脚/墙裙		内墙		顶棚		备注
		做法	燃烧性能	做法	燃烧性能	做法	燃烧性能	做法	燃烧性能	
	楼梯间 走廊	地3A 水泥地面110厚	A	踢2（水泥砂浆踢脚）（100高）	A	内墙3 内涂1（乳胶漆墙面）	A	刷涂料2A（内涂1）	A	
	设备机房	地2F 水泥地面110厚	A	踢2（水泥砂浆踢脚）（100高）	A	内墙3 内涂1（乳胶漆墙面）	A	刷涂料顶棚	A	
	消防水池	地2F 水泥地面110厚 水泥防水地面	A			内墙10-f1 薄型面砖墙面（防水）	A	刷涂料顶棚	A	

图 3-2　建筑设计说明

一、"设计依据"导读

设计依据是建筑设计的根本,约束建筑设计人员在有限的空间内发挥最大的想象。

由于建筑类型的繁多,建议大家多看常用的规范,如《民用建筑设计通则》《无障碍计规范》《建筑设计防火规范》,专业性强的规范大家可以翻阅熟悉。

二、"工程概况"导读

项目地理位置、周边四至、建筑高度、建筑面积、结构类型等的陈述。本项目是某住宅项目,配套公建。项目概况是项目规划设计的主要条件。

三、"墙体"导读

墙体工程是项目内墙、外墙的陈述,外墙一般常用为200mm厚轻集料混凝土砌块,200mm厚加气混凝土砌块(由于加气混凝土砌块荷载比较小通常会用轻集料混凝土砌块),在选择墙体的时候大家要注意选材的耐火极限、保温、隔声性能。在两种材料交接处要注意做材料收缩产生的裂缝处理。

四、"屋面"导读

在选择屋面做法的时候要选择工艺成熟的施工做法,根据各地区的工程做法选择,要注意上人屋面与不上人屋面的区别,泛水做法,主要屋面女儿墙高度为600mm高(个人经验),次要屋面女儿墙高度最小为400mm。屋面防水根据工程的级别选择防水等级,防水材料选择常用材料如自粘型橡胶沥青聚酯胎防水卷材。

五、"门窗"导读

门窗工程中根据节能计算中窗户传热系数,遮阳系数选择门窗立樘材质,玻璃的厚度、层数、颜色。外门窗气密性应不低于《建筑外门窗气密、水密、抗风压性能分级及检测方法》(GB/T 7106—2008)6级。常用门窗立樘材料为塑钢、铝合金、断桥铝合金。

六、"外装修"导读

外装饰工程主要选择建筑外立面的材质做法,由于实际尺寸与设计阶段有感官误差所以外立面材质、颜色、规格及排列方式必须要求厂家提供样本由建设单位和设计单位认可,方可施工。在施工阶段设计人员要到现场再次确认。

七、"室外工程"导读

室外工程中要注意以上各部位的做法,参照当地工程做法。

八、"内装修"导读

内装修工程中要注意本项目是装修一次装修到位还是粗装修。所选用的材料和装修材料必须符合《民用建筑工程室内环境污染控制规范》及《建筑内部装修设计防火规范》。具体做法参考图集成熟、常用做法。所有设备留洞、设备基础待设备到货后无误方可施工,如有误差与设计人员联系及时修改。所有房间装修做法参照材料做法表。

九、"无障碍说明"导读

无障碍工程要仔细阅读无障碍规范,明确需要做无障碍的建筑部位,无障碍坡道主要坡度及栏杆扶手的做法及要求,无障碍卫生间的具体尺寸及要求。有的工程没有条件设电梯,要根据无障碍设计规范设置无障碍楼梯。

十、"保温、节能"导读

节能工程主要注意各部位保温做法、保温材质、厚度、传热系数。

十一、"防水、防潮"导读

防水、防潮工程主要注意

1. 卫生间及室内有防水要求的房间地面、墙面防水做法,及有立管穿过楼面、地面均应预埋防水套管,防止水渗漏做法参图集。

2. 屋面防水等级、防水材料、防水使用年限,及屋面排水方式、雨水管做法、管径及材质。

3. 其他部位防水要求要根据当地法律法规,规范的规定完成每一道工序。

十二、"防火"导读

防火工程是建筑中重中之重,首先在总平面设计中要满足(建筑设计防火规范)本建筑周边有4m宽消防通道或距市政道路小于15m。其次明确单体建筑防火耐火极限,本工程防火设计的耐火等级地上部分为二级。防火分区,设不设置自动灭火系统,本工程为一个单体建筑:地上部分为一个防火分区,面积小于5000m²,设喷洒。(多层建筑地上防火分区面积2500m²,设置自动灭火系统面积翻倍)疏散宽度及疏散距离,疏散宽度根据人数计算,具体计算详见《建筑设计防火规范》(GB 50016—2014),疏散距离根据建筑物功能不同(建筑设计防火规范)中有明确规定。

各部位建筑材料一定要满足规范中要求的最小耐火极限。室内各部位装修材料一定满足规范中要求的材料燃烧性能级别。

十三、"室内环境污染控制篇"导读

室内环境污染控制工程中一点要满足规范中要求的材料放射性,释放有毒气体等的最小要求。

十四、"电梯选型表"导读

由于现在建筑的设计过程中电梯厂家为确定,所以设计中选用电梯为参考样本,待项目施工前确定厂家后,由厂家确认提供电梯井道尺寸等数据后,由设计院配合厂家修改确认图纸后方可施工。

工程名称	某文体活动中心工程	图名	设计说明讲解	日期	
子项				图号	

图 3-3 设计说明讲解

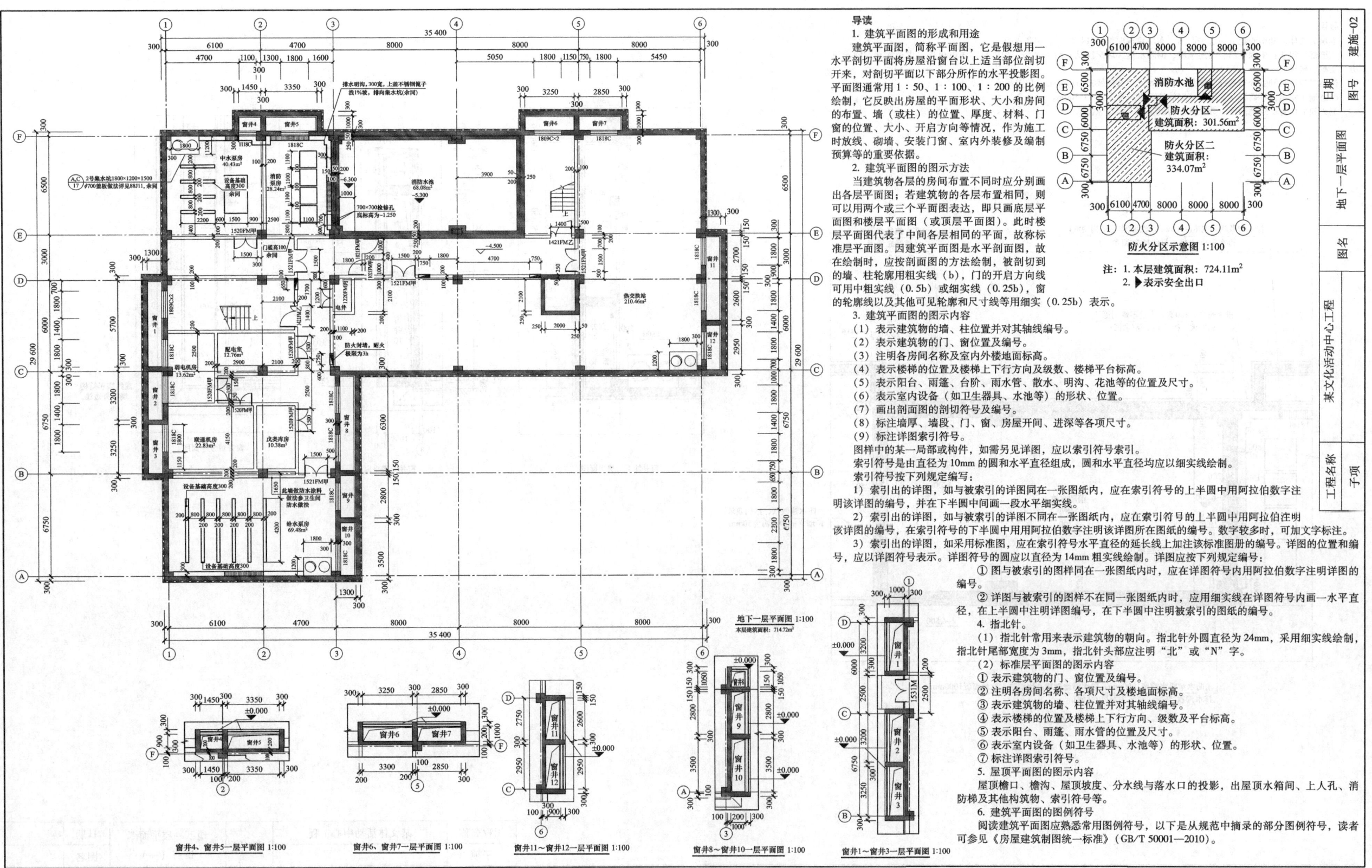

图 3-4 地下一层平面图

导读

本层为文体活动中心地下一层平面图，本层建筑面积：714.72m²，层高4.5m。

主要部分组成：中水泵房、消防泵房、消防水池、热交换站、给水泵房、配电室、弱电机房、戊类库房、联通机房、走廊、楼梯间。

读图时应注意轴线分布情况、编号、轴线间尺寸及框架柱与墙体的定位关系。

注意地下室地面标高标注，地下一层的地面建筑标高为-4.500m。

消火栓的位置、距地高度、数量可以与设备施工图对照读图。

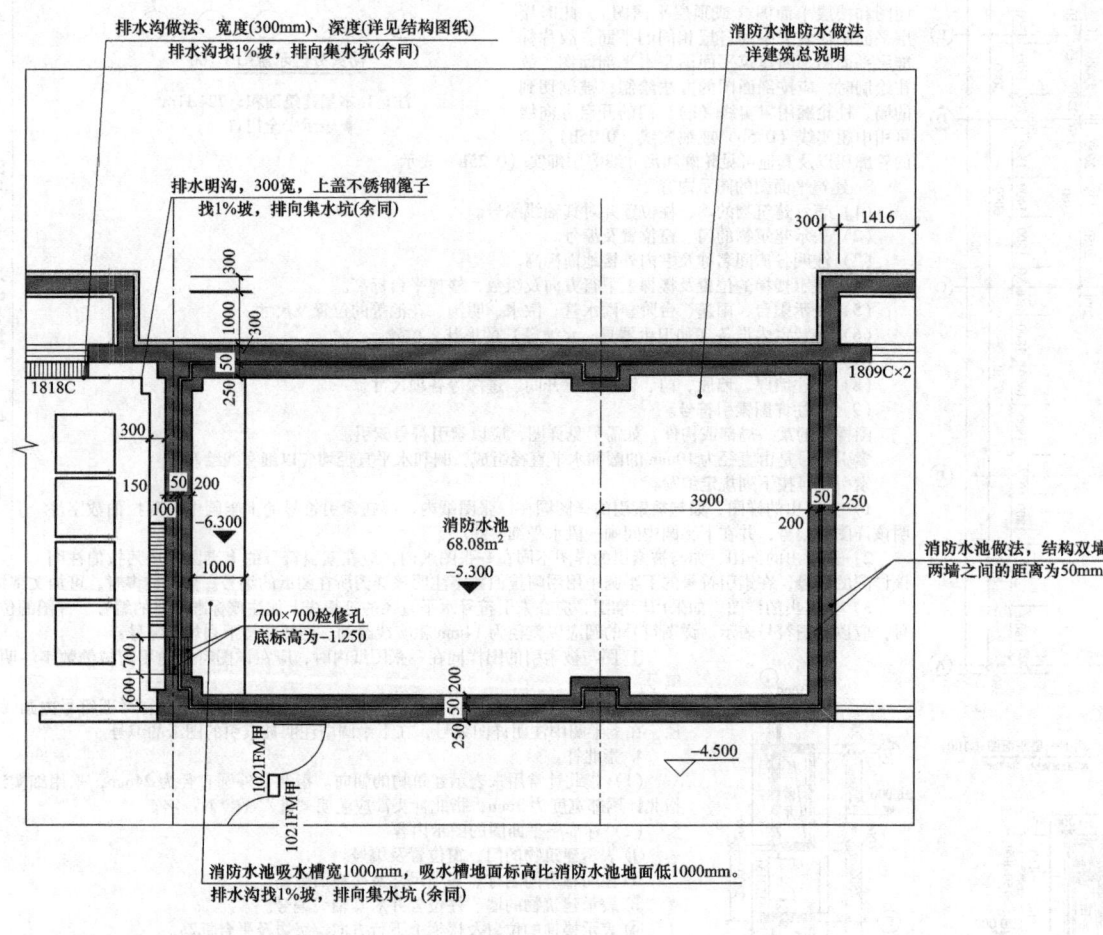

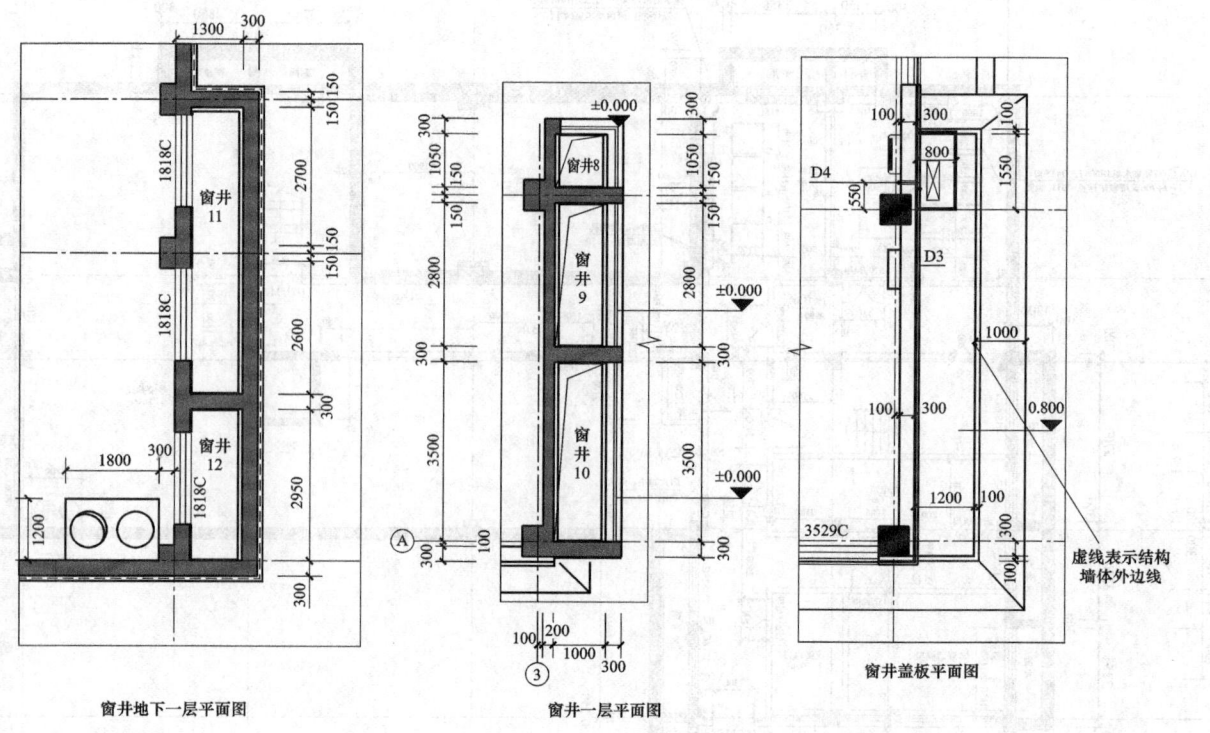

图 3-5 地下一层平面图讲解

工程名称	某文体活动中心工程	图名	地下一层平面图讲解（一）	日期	
子项				图名	

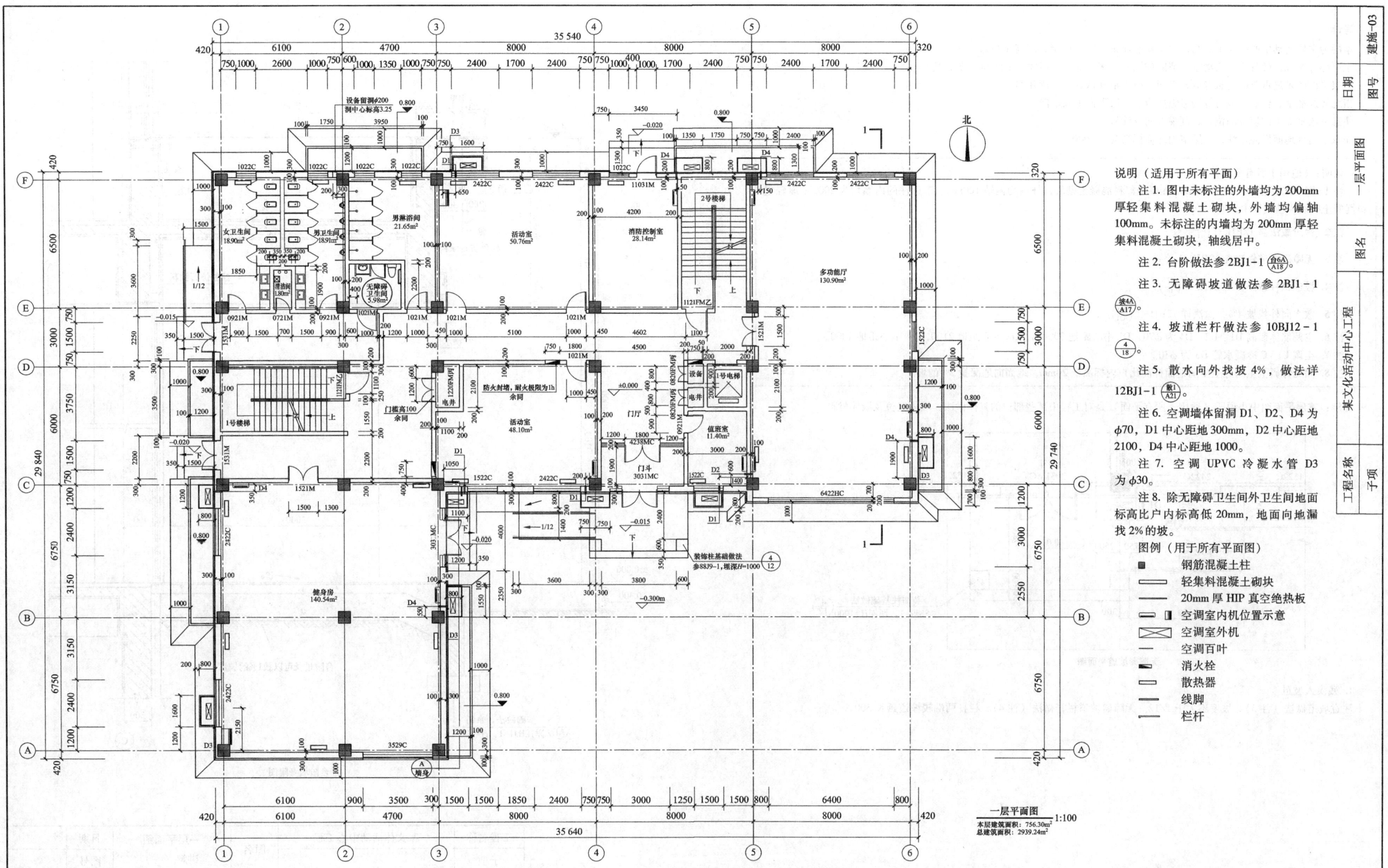

图 3-6　一层平面图

导读

本层为文体活动中心一层平面图，本层建筑面积：756.30m²，层高 4.0m。

主要部分组成：健身房、活动室、消防控制室、多功能厅、门厅、淋浴间、男女卫生间。

一层平面图是最重要的建筑专业施工图，应当格外认真的阅读并熟记。

指北针及散水、台阶、坡道等构造组成应在一层平面中表示清楚。

注意一层平面中剖切号的位置、剖视方向及编号。

注意室内外地面标高标注，一层室内地面标高为±0.000。

说明：（适用于所有平面）

注1. 图中未标注的外墙均为200mm厚轻集料混凝土砌块，外墙均偏轴100mm。未标注的内墙均为200mm厚轻集料混凝土砌块，轴线居中。

注2. 台阶做法参 12BJ1-1 台6A/A18。

注3. 无障碍坡道做法参 12BJ1-1 坡4A/A17。

注4. 坡道栏杆做法参 10BJ12-1 4/18。

注5. 散水向外找坡4%，做法详 12BJ1-1 散/A21。

注6. 空调墙体留洞 D1、D2、D4 为φ70，D1 中心距地 300mm，D2 中心距地 2100，D4 中心距地 1000。

注7. 空调 UPVC 冷凝水管 D3 为φ30。

注8. 除无障碍卫生间外卫生间地面标高比户内标高低 20mm，地面向地漏找 2%的坡。

注解：首层平面图中小说明（适用于所有平面）是对工程中某些部位的具体做法，墙体定位及墙体材料。

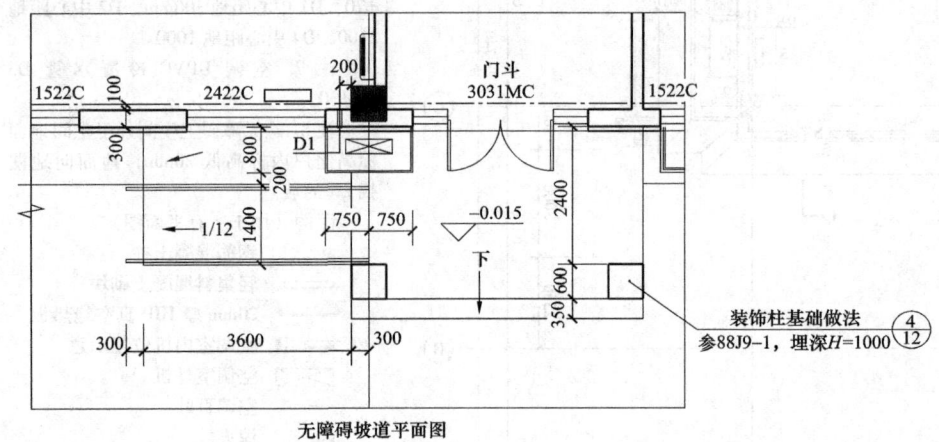

无障碍坡道平面图

1. 残疾人坡道

注意坡道做法（注3），坡度不大于 1/12。无障碍坡道栏杆做法（注4），栏杆两端较坡道延长 300。

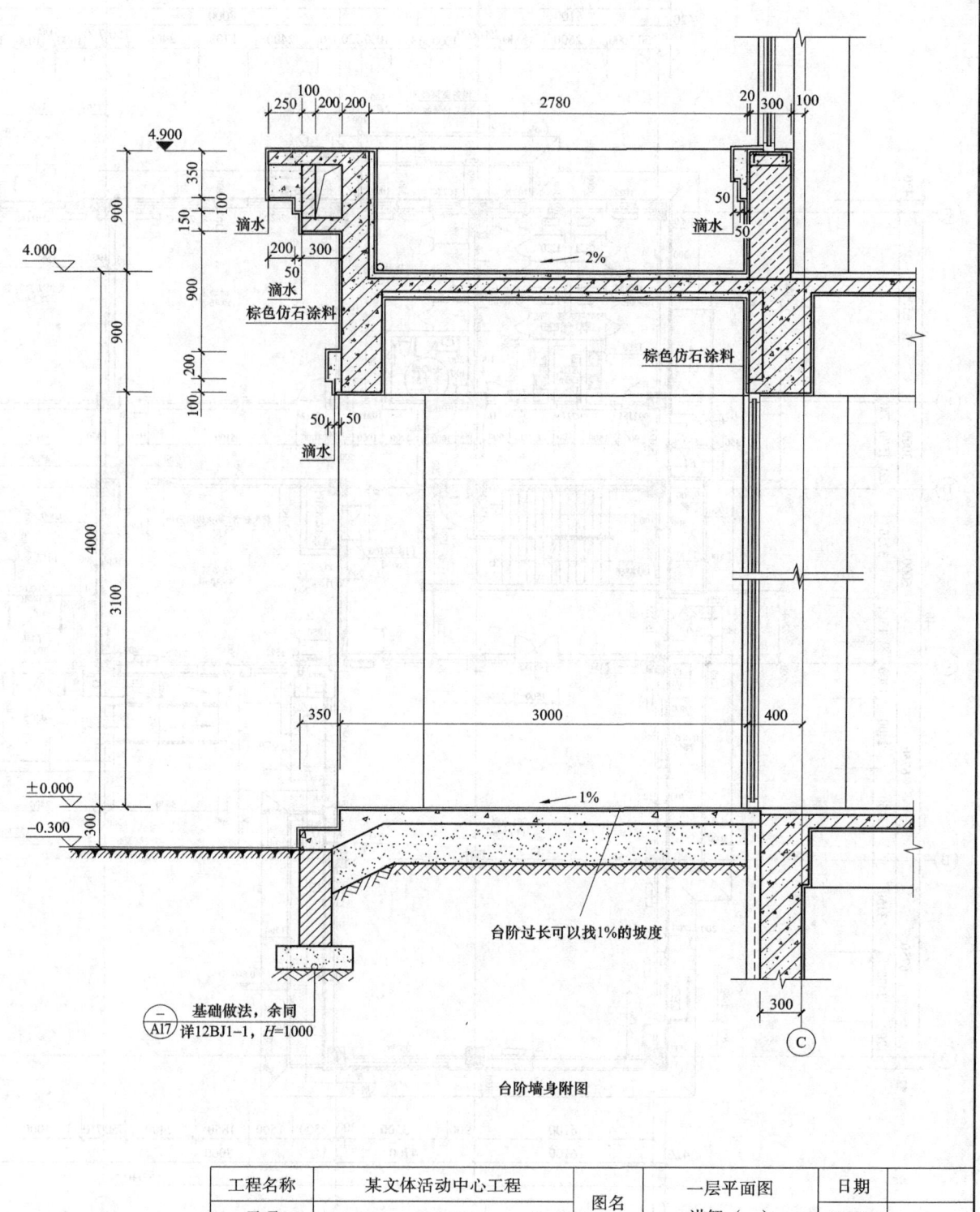

台阶墙身附图

工程名称	某文体活动中心工程	图名	一层平面图讲解（一）	日期	
子项				图号	

图 3-7 一层平面图讲解（一）

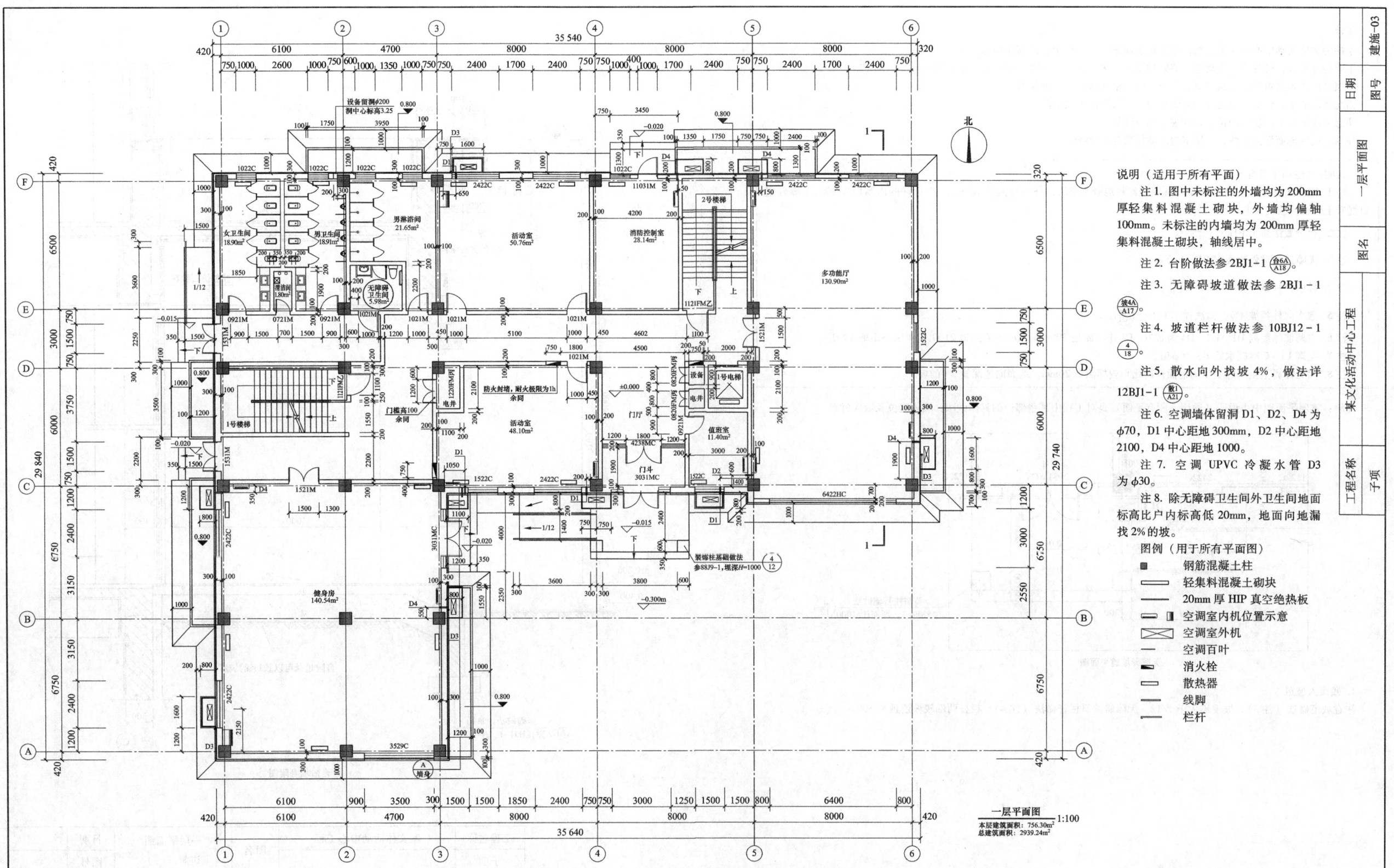

图 3-6 一层平面图

导读

本层为文体活动中心一层平面图，本层建筑面积：756.30m²，层高4.0m。
主要部分组成：健身房、活动室、消防控制室、多功能厅、门厅、淋浴间、男女卫生间。
一层平面图是最重要的建筑专业施工图，应当格外认真的阅读并熟记。
指北针及散水、台阶、坡道等构造组成应在一层平面中表示清楚。
注意一层平面中剖切号的位置、剖视方向及编号。
注意室内外地面标高标注，一层室内地面标高为±0.000。

说明：（适用于所有平面）
注1. 图中未标注的外墙均为200mm厚轻集料混凝土砌块，外墙均偏轴100mm。未标注的内墙均为200mm厚轻集料混凝土砌块，轴线居中。
注2. 台阶做法参 12BJ1-1 (6A/A18)。
注3. 无障碍坡道做法参 12BJ1-1 (4A/A17)。
注4. 坡道栏杆做法参 10BJ12-1 (4/18)。
注5. 散水向外找坡4%，做法详 12BJ1-1 (散1/A21)。
注6. 空调墙体留洞 D1、D2、D4 为 φ70，D1中心距地 300mm，D2中心距地 2100，D4中心距地 1000。
注7. 空调 UPVC 冷凝水管 D3 为 φ30。
注8. 除无障碍卫生间外卫生间地面标高比户内标高低20mm，地面向地漏找2%的坡。

注解：首层平面图中小说明（适用于所有平面）是对工程中某些部位的具体做法，墙体定位及墙体材料。

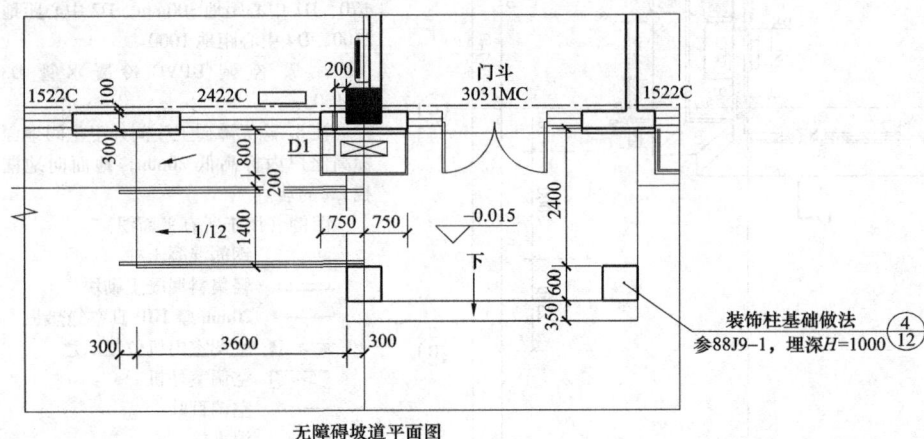

无障碍坡道平面图

1. 残疾人坡道
注意坡道做法（注3），坡度不大于1/12。无障碍坡道栏杆做法（注4），栏杆两端较坡道延长300。

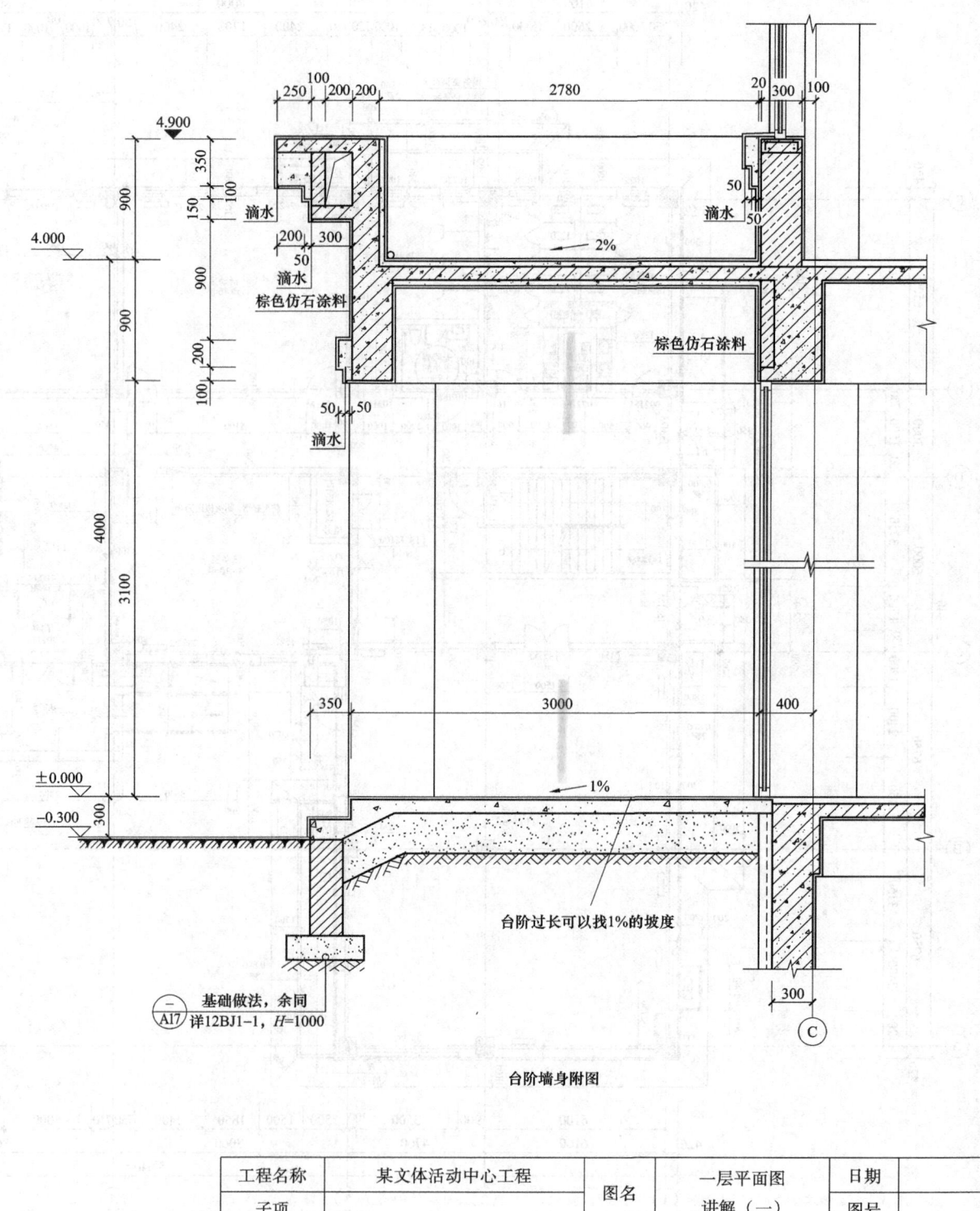

台阶墙身附图

工程名称	某文体活动中心工程	图名	一层平面图讲解（一）	日期	
子项				图号	

图 3-7 一层平面图讲解（一）

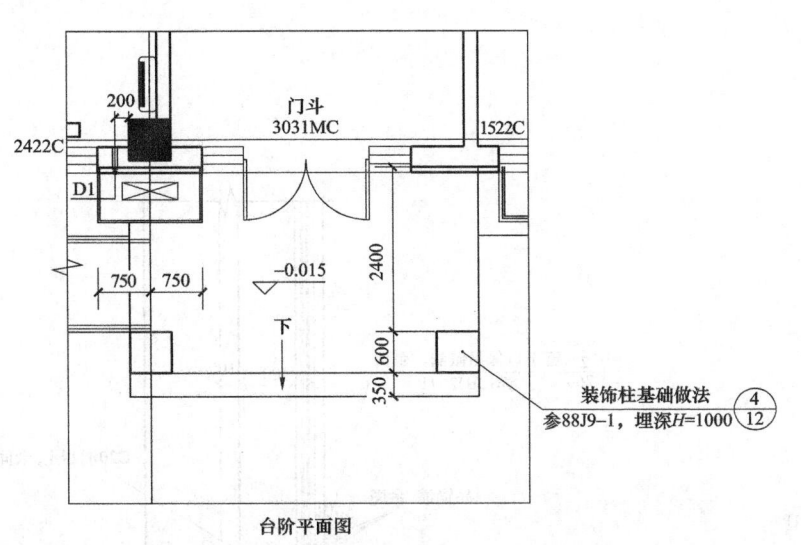

台阶平面图

2. 台阶

注意台阶做法（注2），与无障碍坡道链接的台阶较室内地面降低15mm，普通台阶较室内地面降低20mm。入口处已斜坡过渡方式连接。（详见台阶墙身附图）

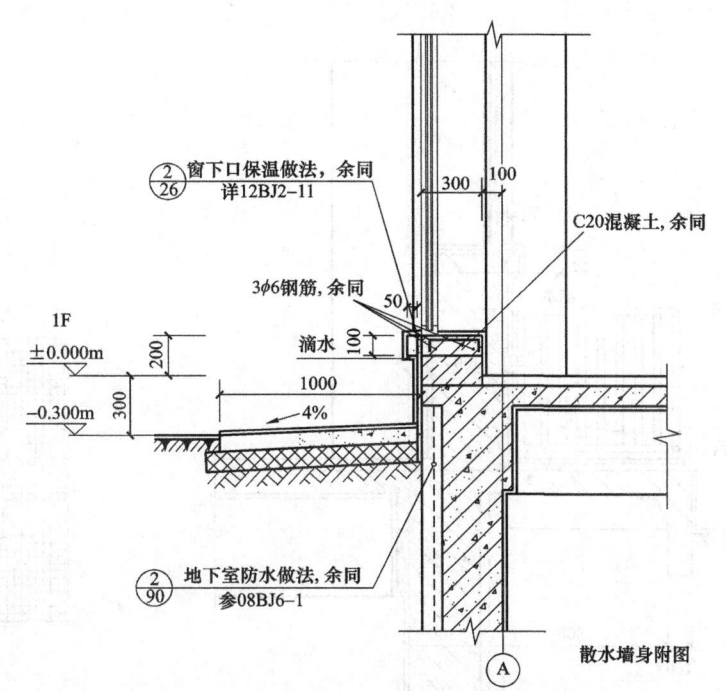

散水墙身附图

3. 散水

注意散水做法（注5），散水宽度一般为800mm宽，根据经验散水宽度从建筑结构面算600mm即可。散水找坡为4%。（详见散水墙身附图）

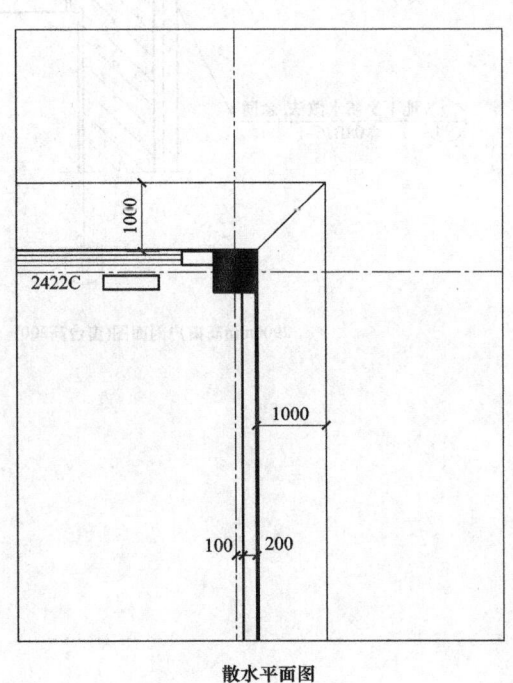

散水平面图

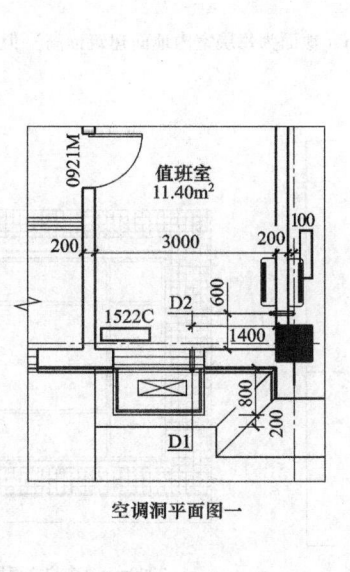

空调洞平面图一

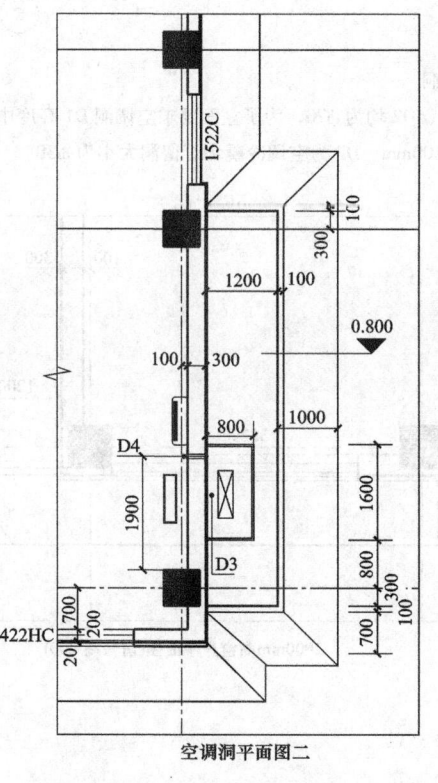

空调洞平面图二

图 3-8 一层平面图讲解（二）

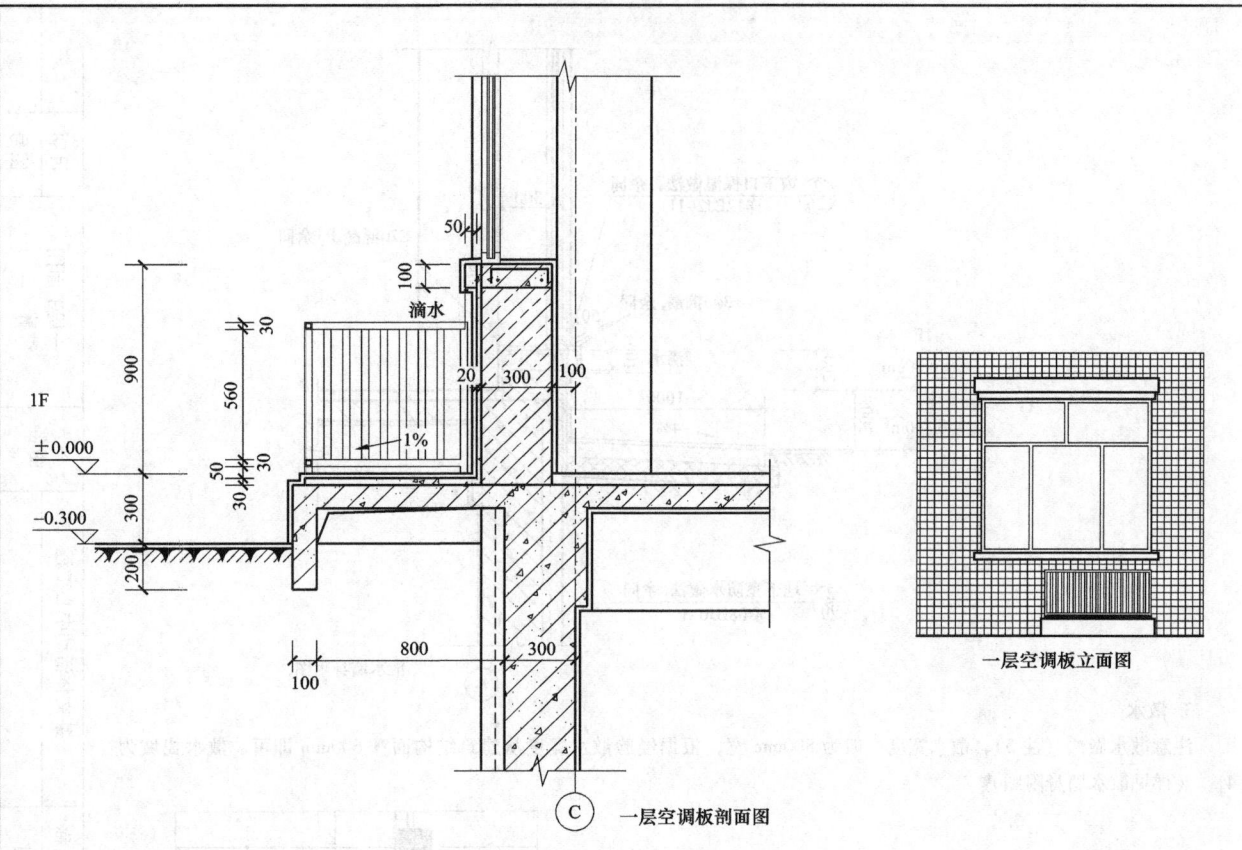

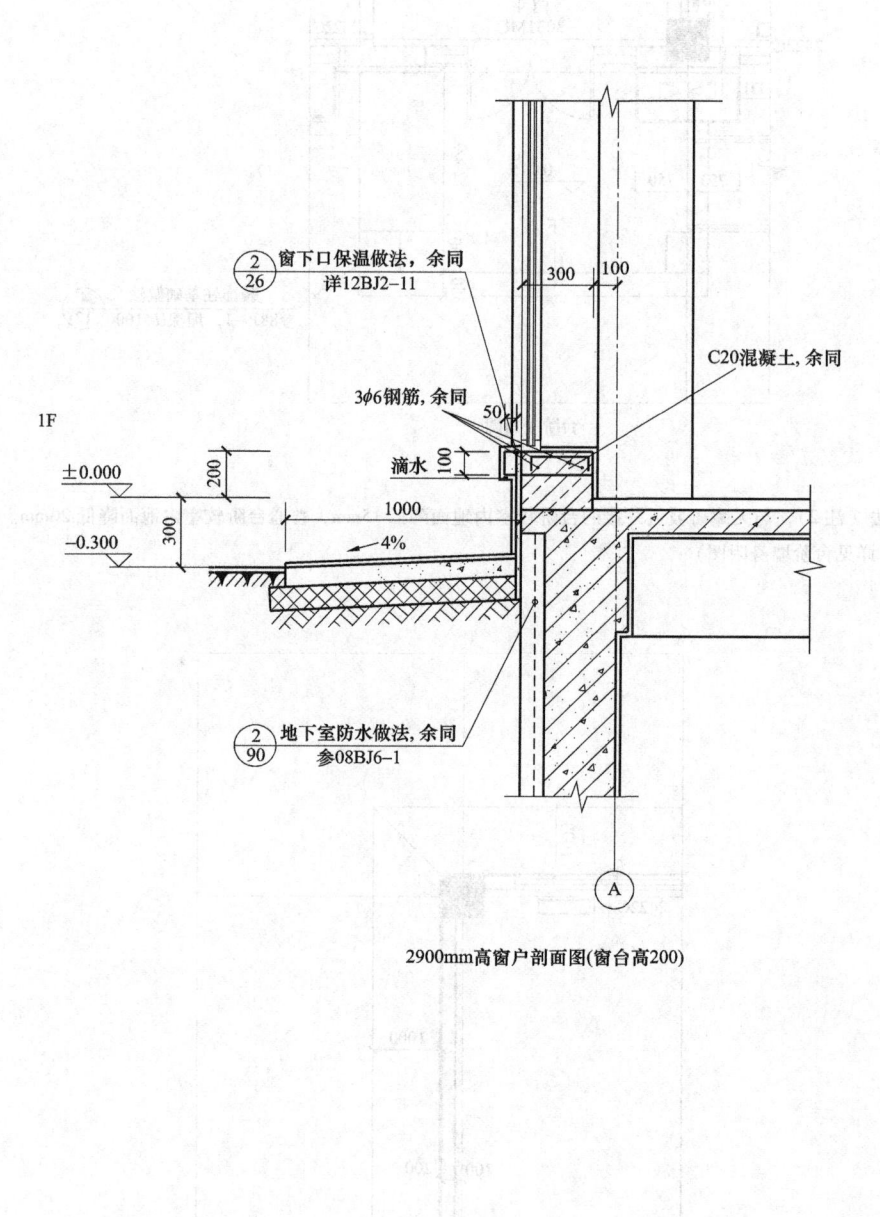

4. 空调留洞

空调洞 D1、D2 均为 φ70，为了立面要求空调洞 D1 高度中心距地 400mm（地面为每层室内地面建筑标高）但室内空间效果差。D2 中心距地 2100mm。D3 为空调冷凝水管留洞大小为 φ30。

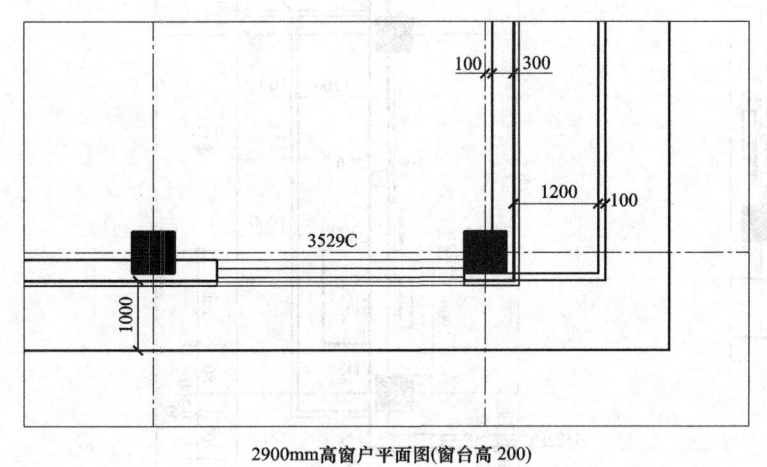

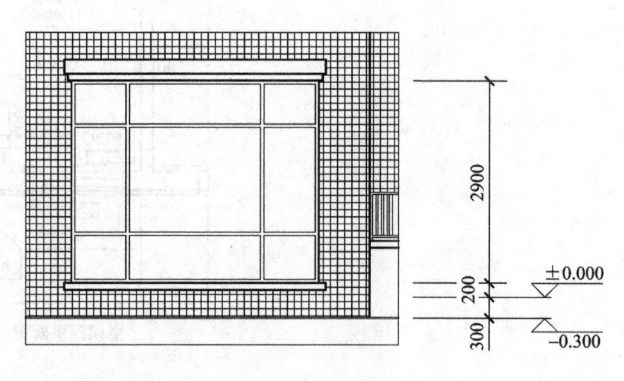

图 3-9 一层平面图讲解（三）

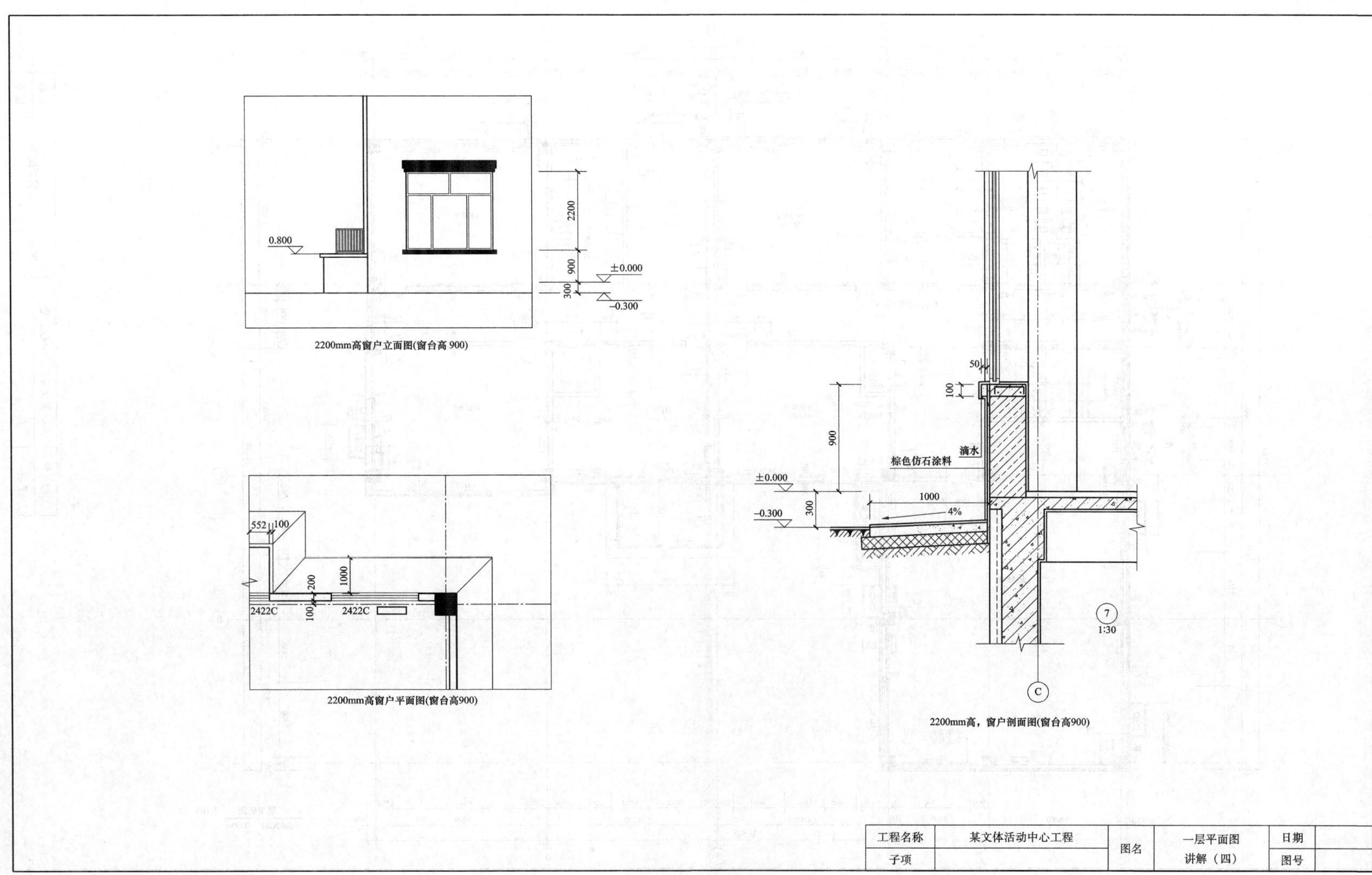

图 3-10 一层平面图讲解（四）

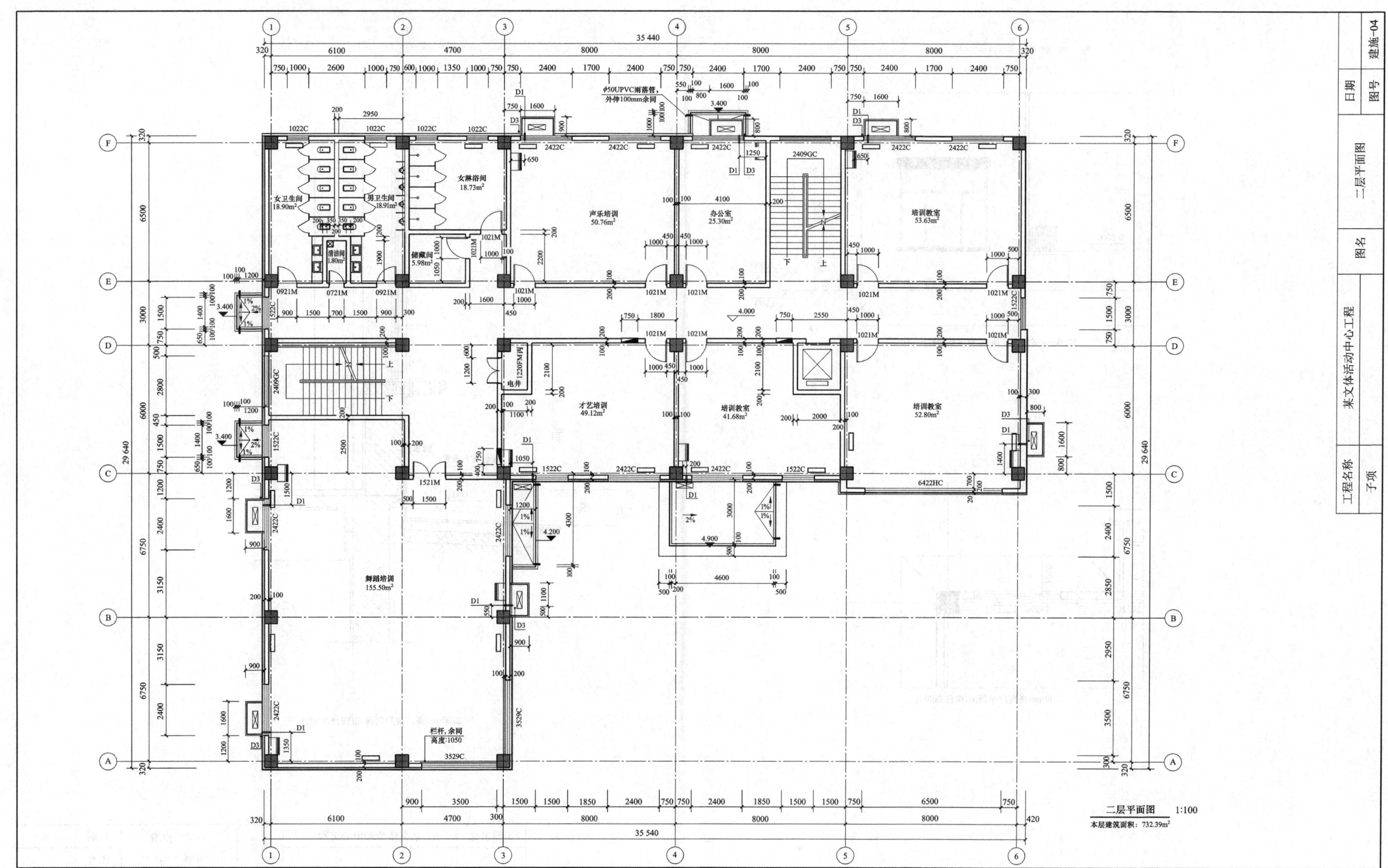

图 3-11 二层平面图

导读

本层为文体活动中心二层平面图，本层建筑面积：732.39m²，层高4.0m。

主要部分组成：舞蹈培训室、声乐培训室、才艺培训室、培训教室、淋浴间、男女卫生间。

建筑内部的平面信息和表示方法与一层平面图相同。

由二层平面图可知，雨篷的标高为3.4m、4.9m及4.2m。

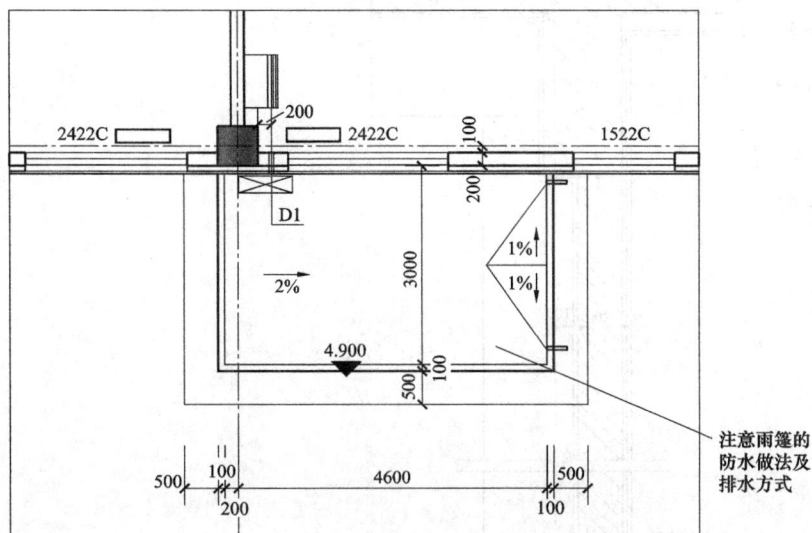

4.9m标高处雨篷平面图

4.9m标高处雨篷立面图

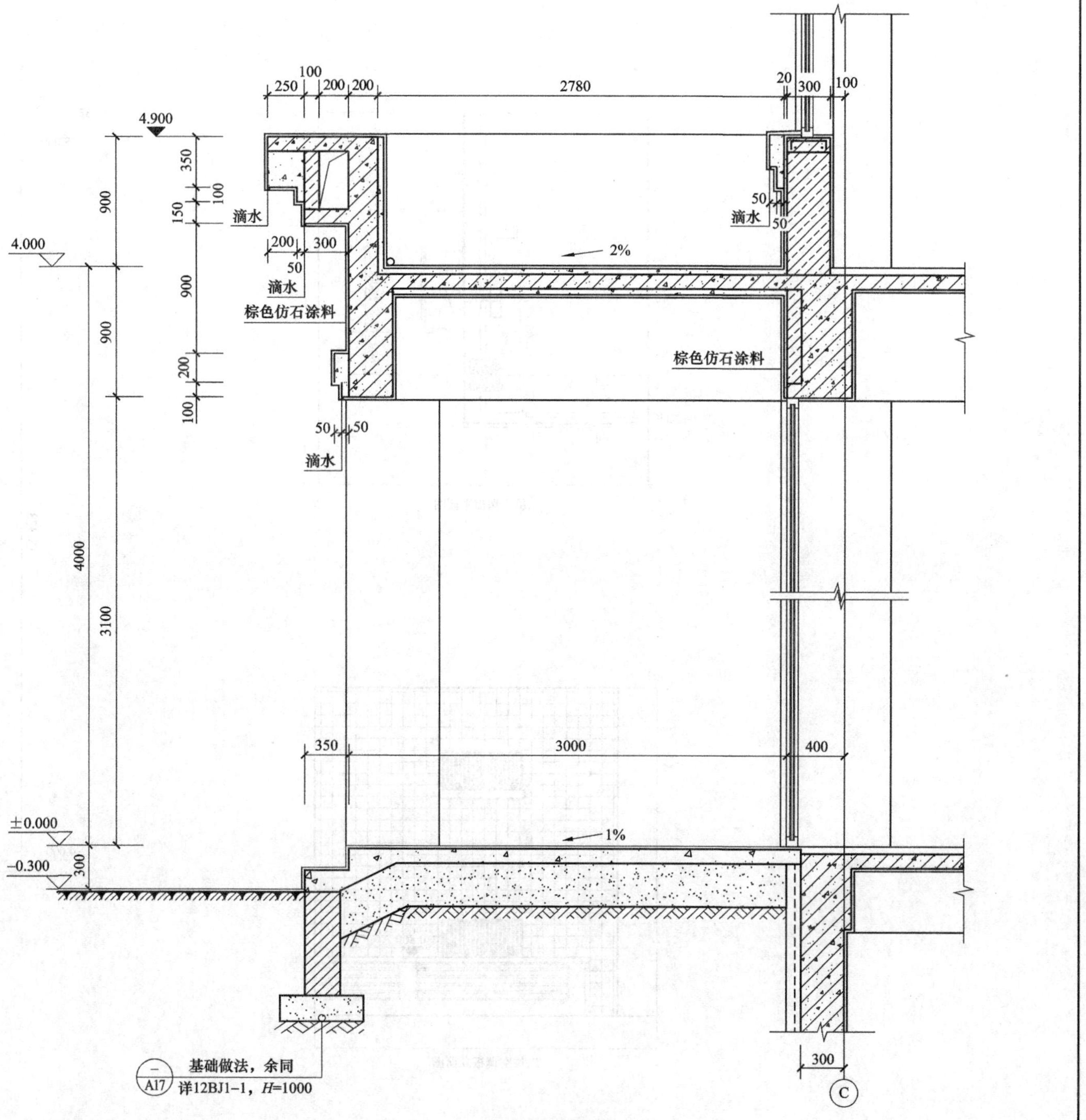

4.9m标高处雨篷剖面图

工程名称	某文体活动中心工程	图名	二层平面图讲解（一）	日期	
子项				图号	

图 3-12　二层平面图讲解（一）

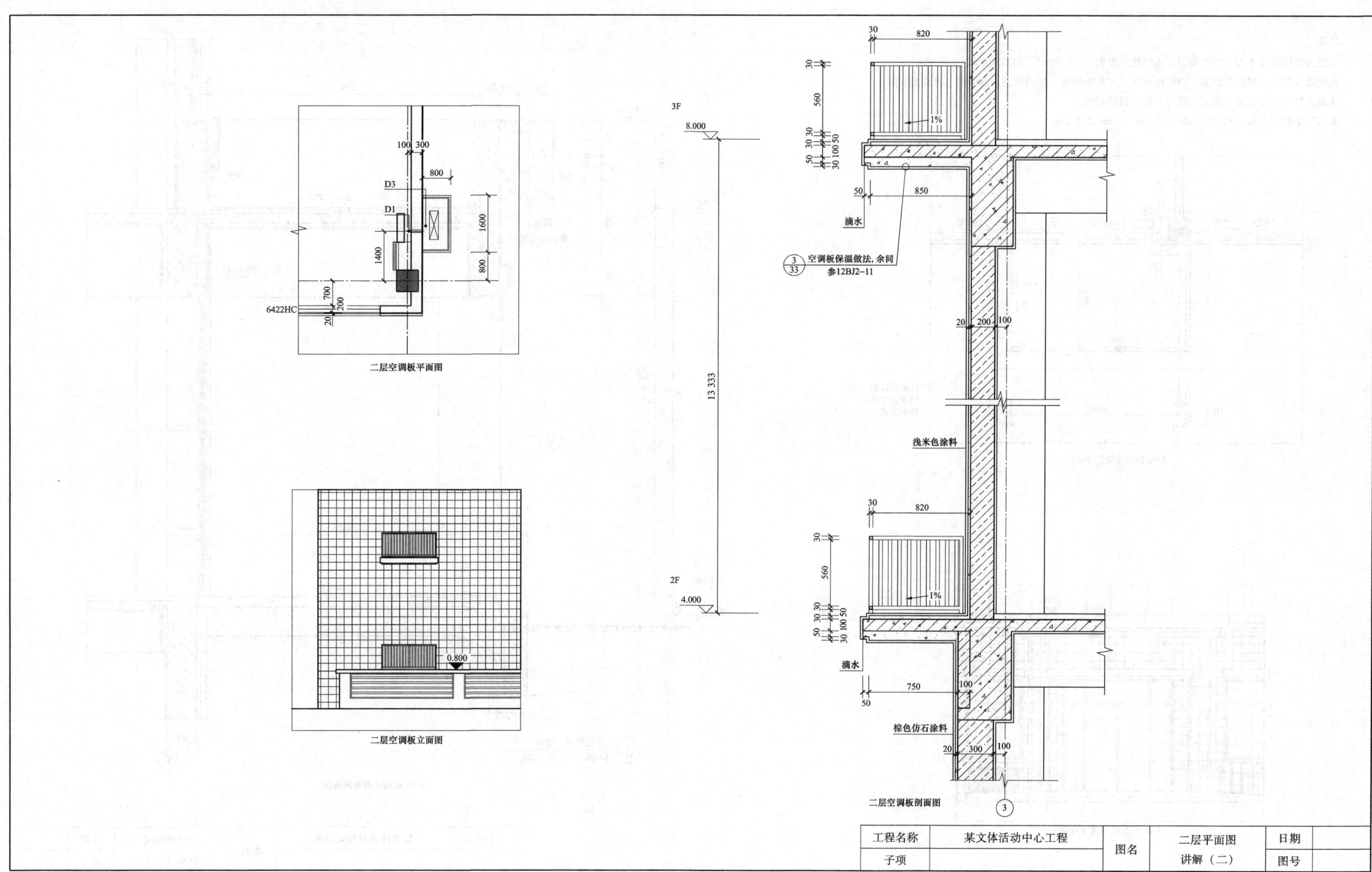

图 3-13 二层平面图讲解（二）

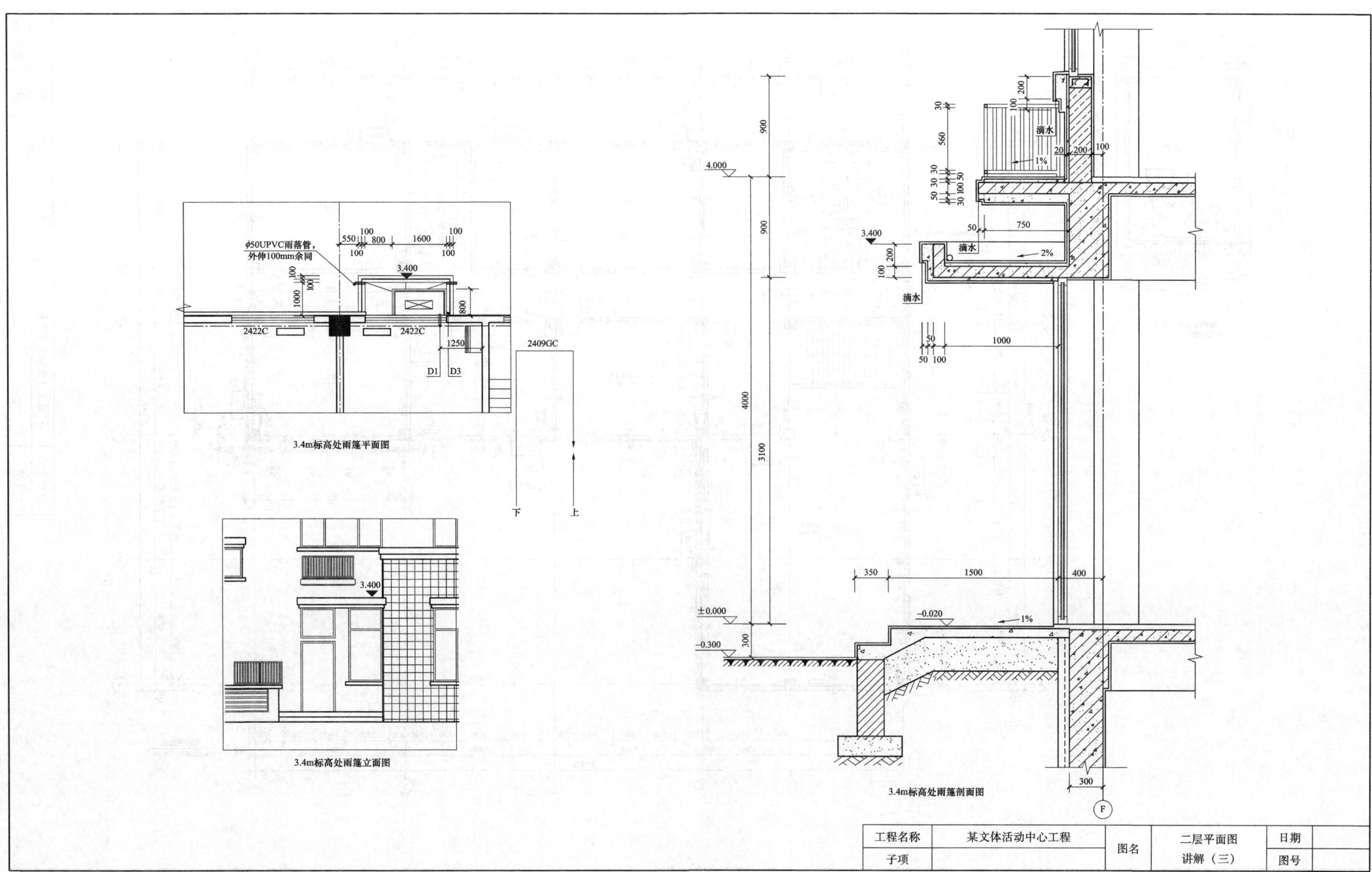

图 3-14 二层平面图讲解（三）

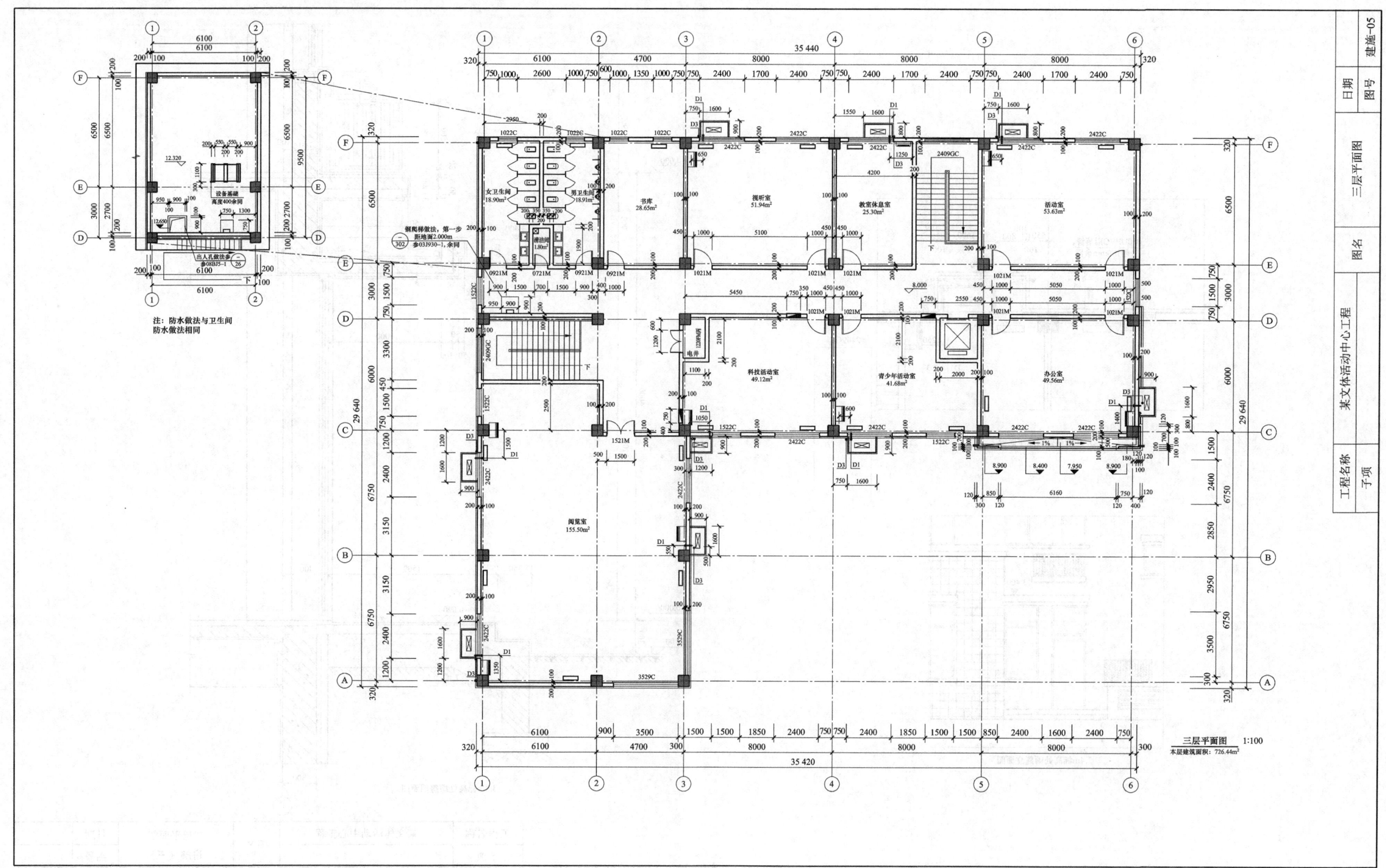

图 3-15 三层平面图

导读

本层为文体活动中心三层平面图，本层建筑面积：726.44m²，层高 4.0m。

主要部分组成：阅览室、科技活动室、青少年活动室、办公室、活动室、教师休息室、视听室、男女卫生间。

建筑内部的平面信息和表示方法与一层平面图相同。

由三层平面可知⑤-⑥轴交Ⓒ局部屋面女儿墙高度。

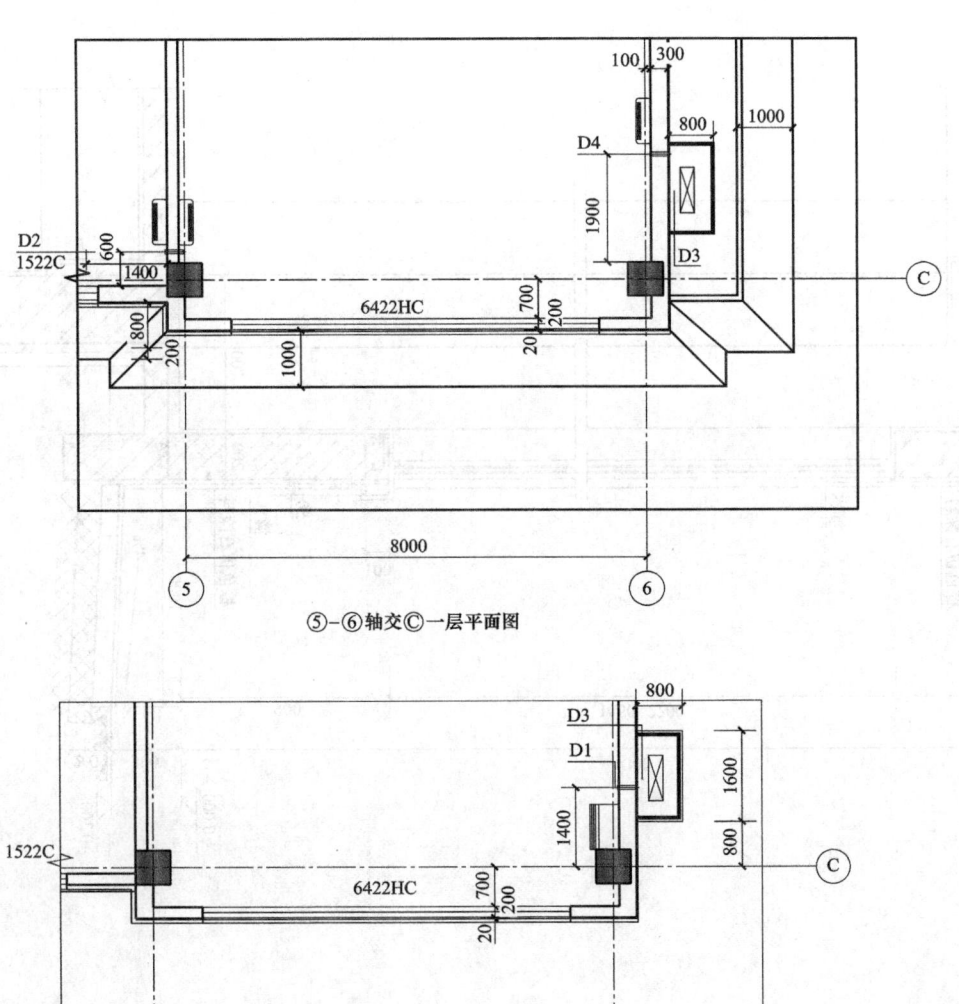

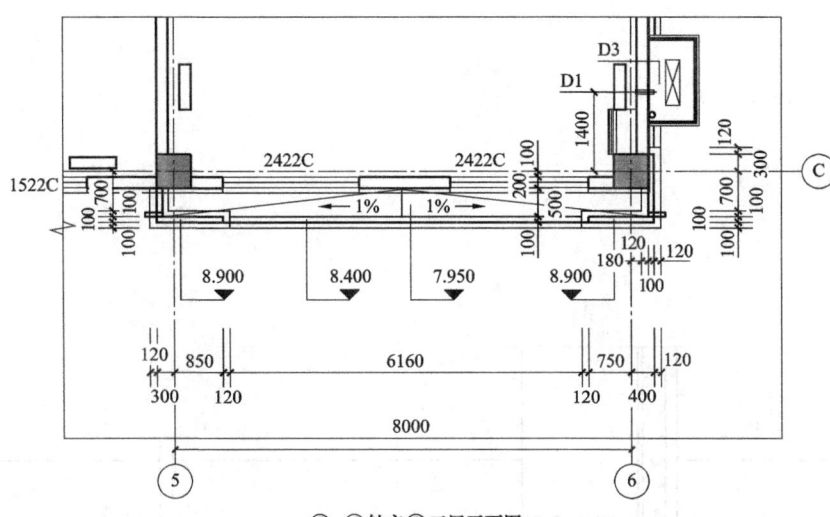

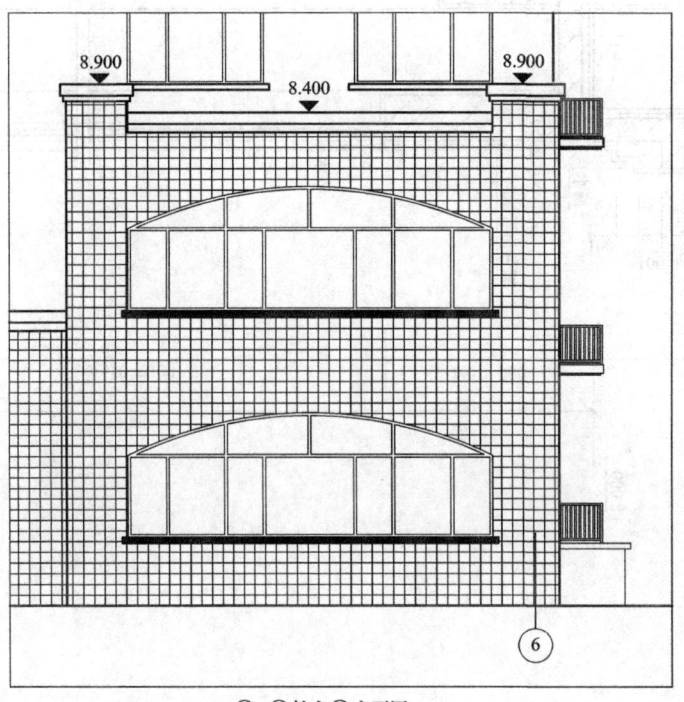

图 3-16　三层平面图讲解（一）

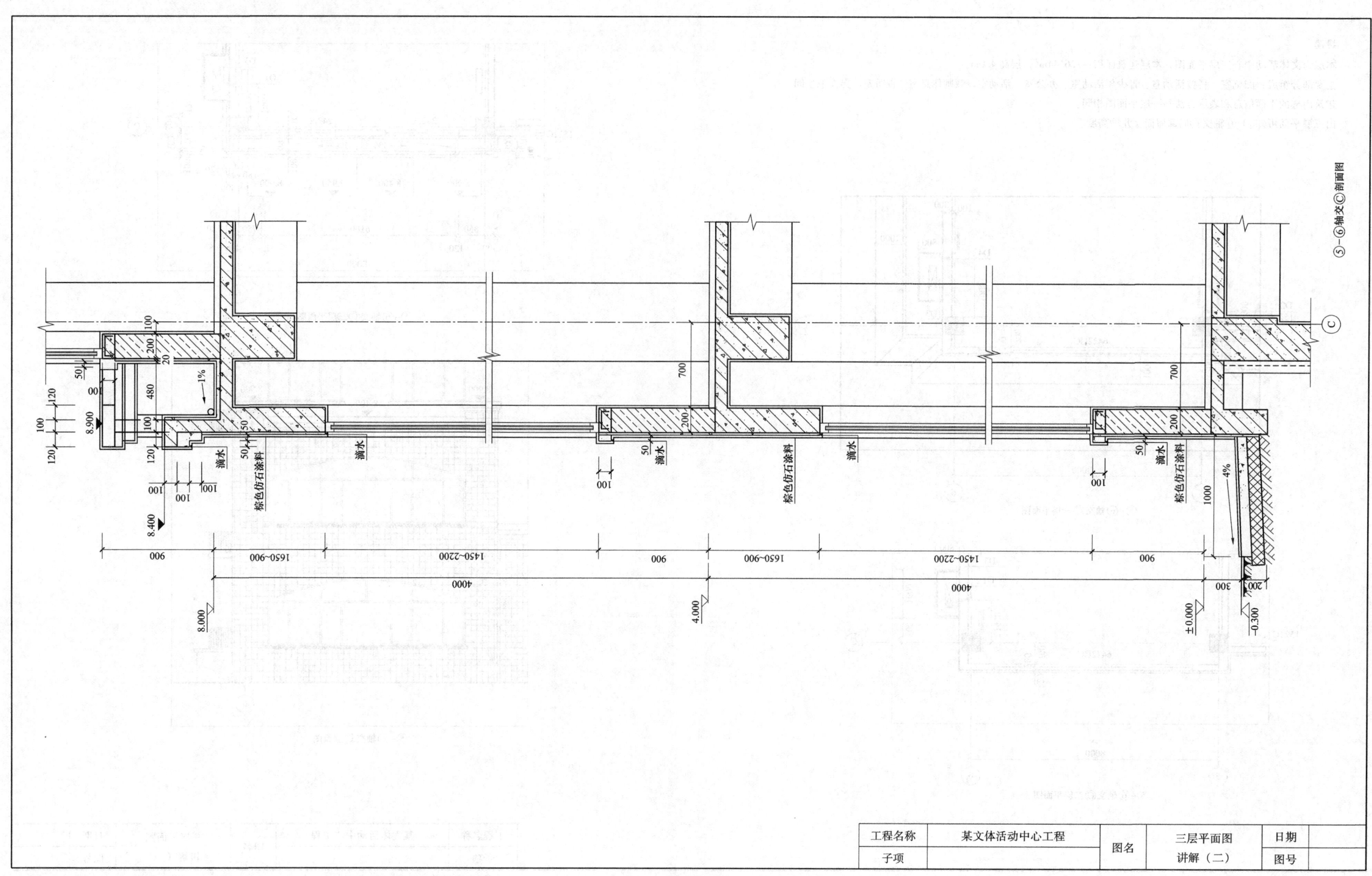

图3-17 三层平面图讲解（二）

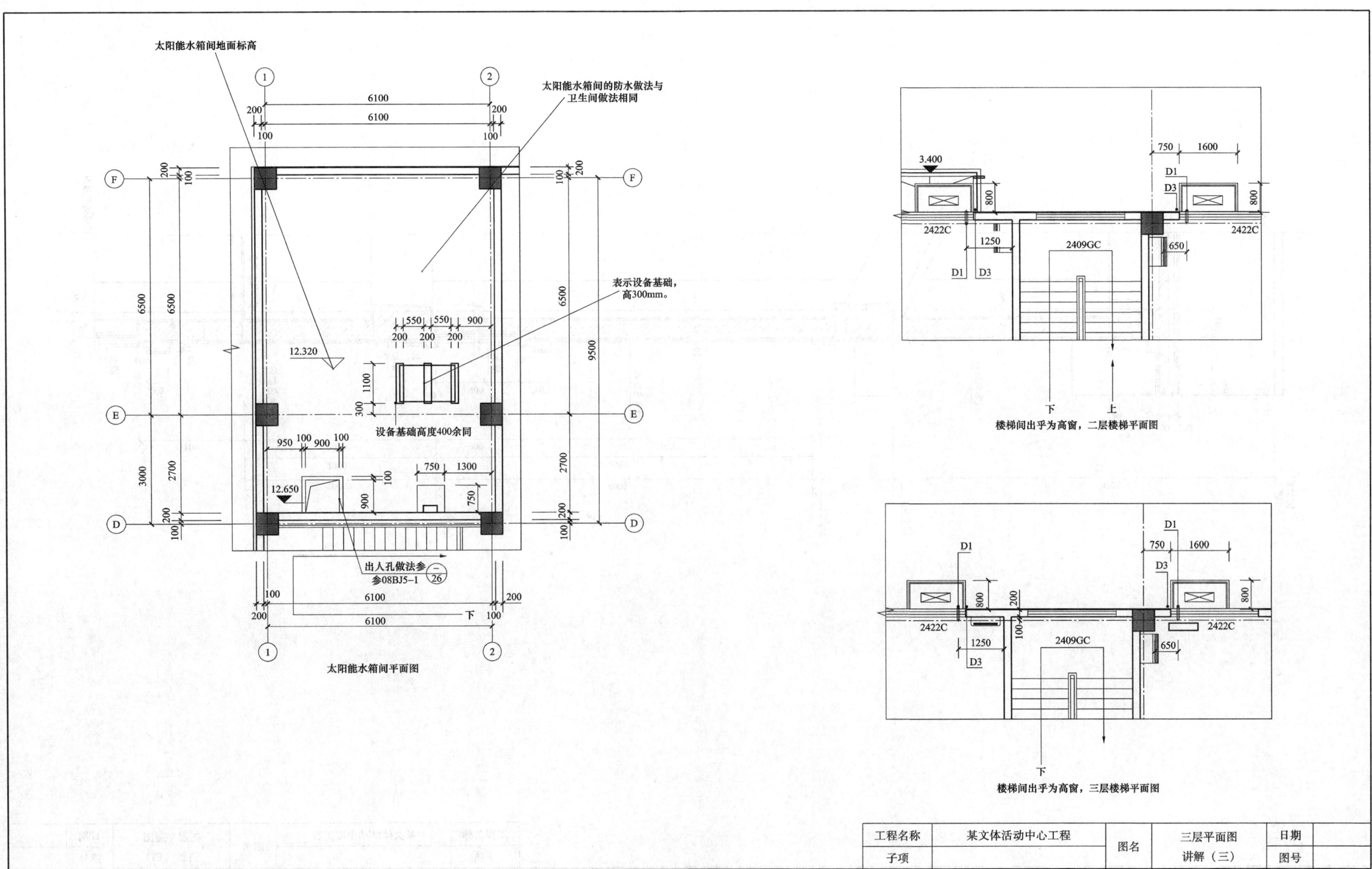

图 3-18 三层平面图讲解（三）

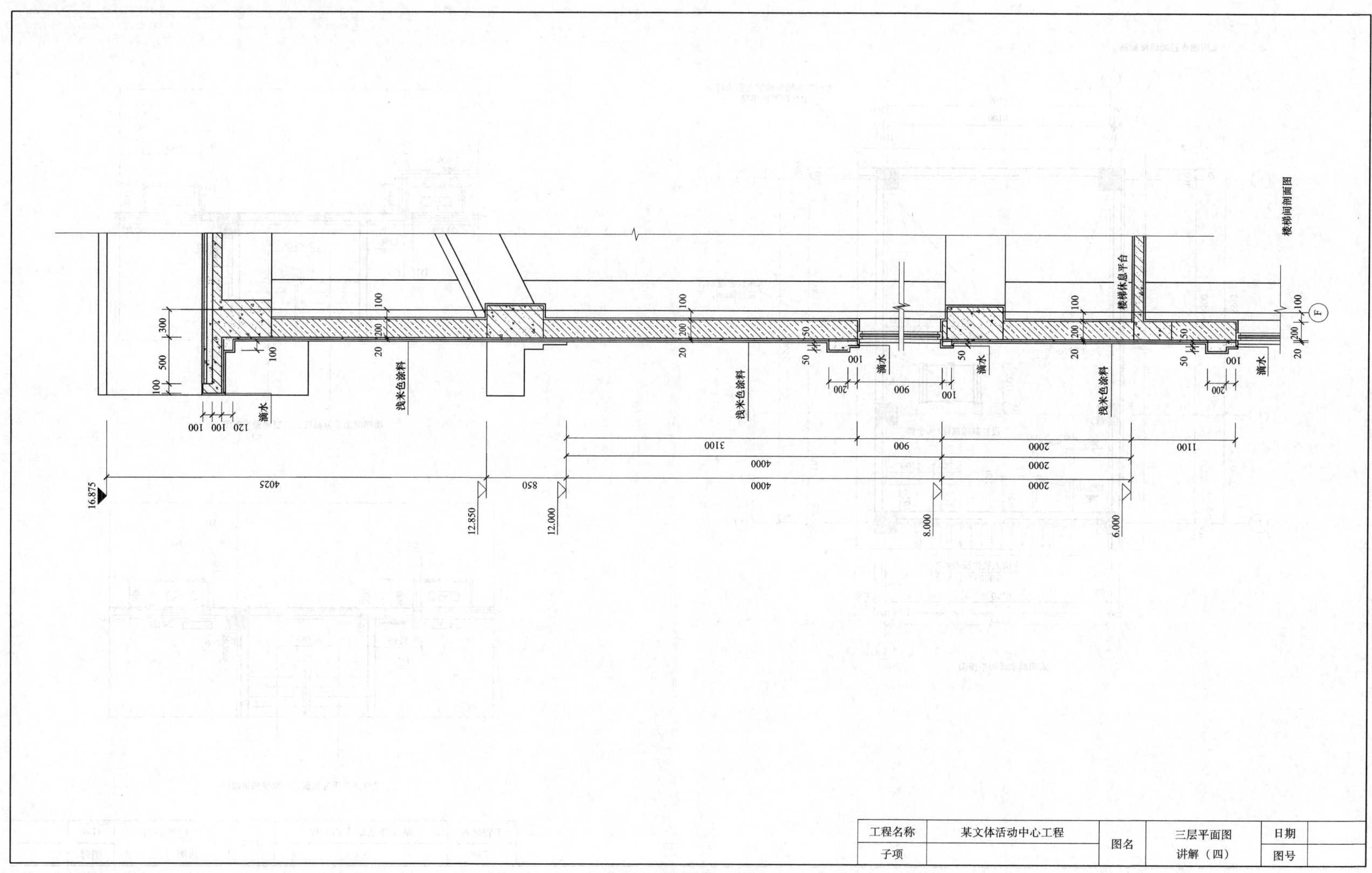

图 3-19 三层平面图讲解（四）

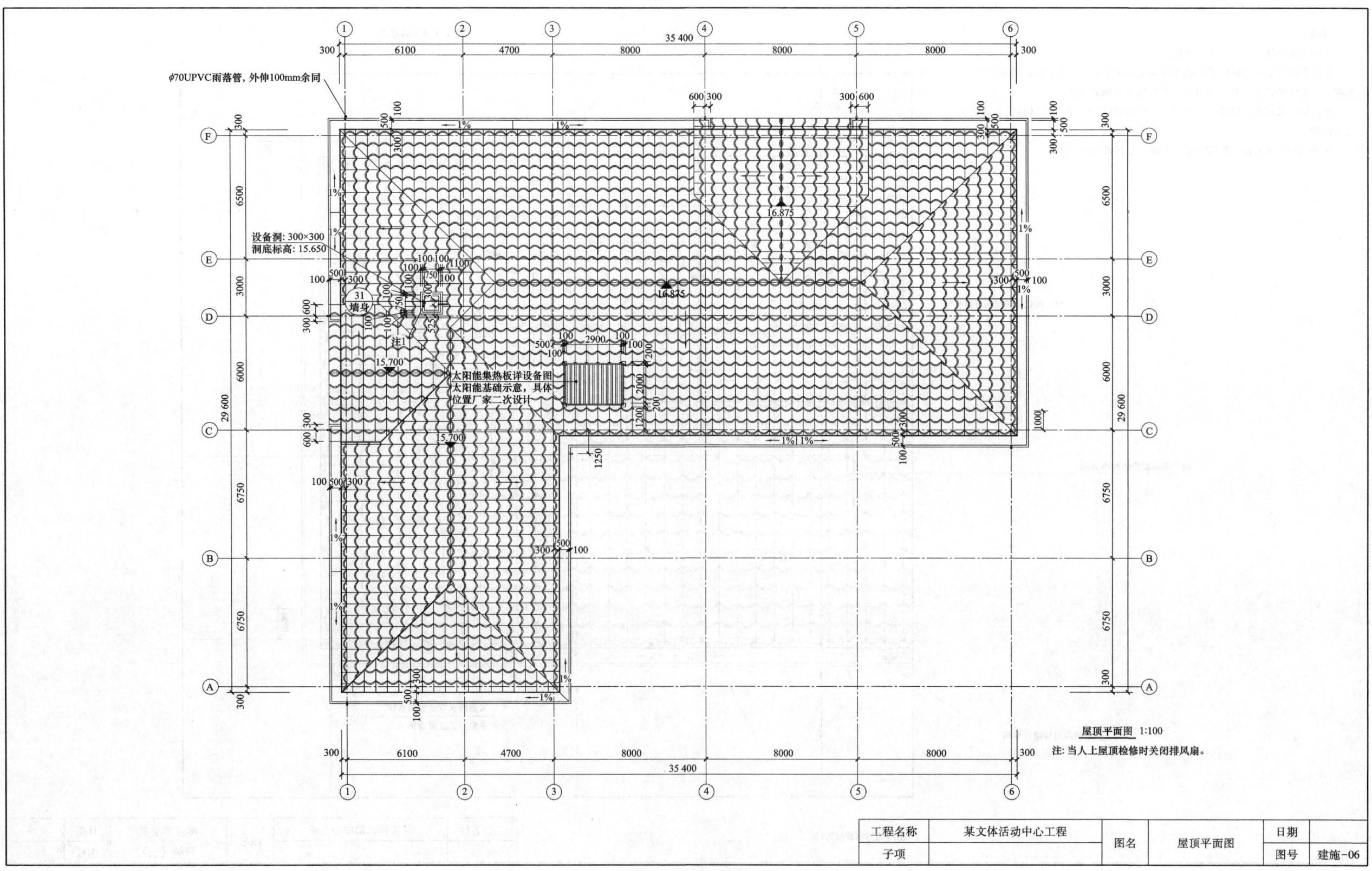

图 3-20 屋顶平面图

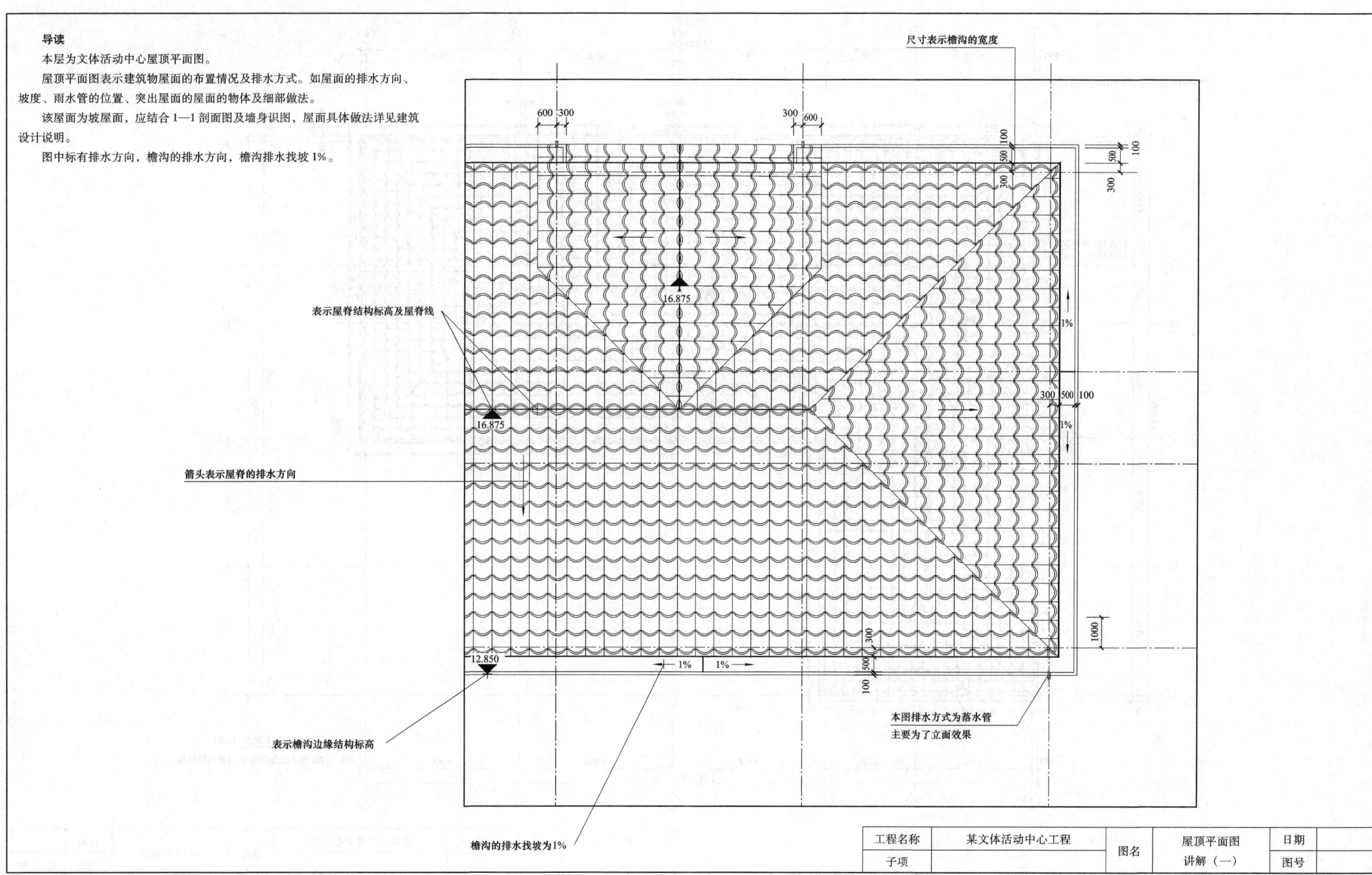

图 3-21 屋顶平面图讲解（一）

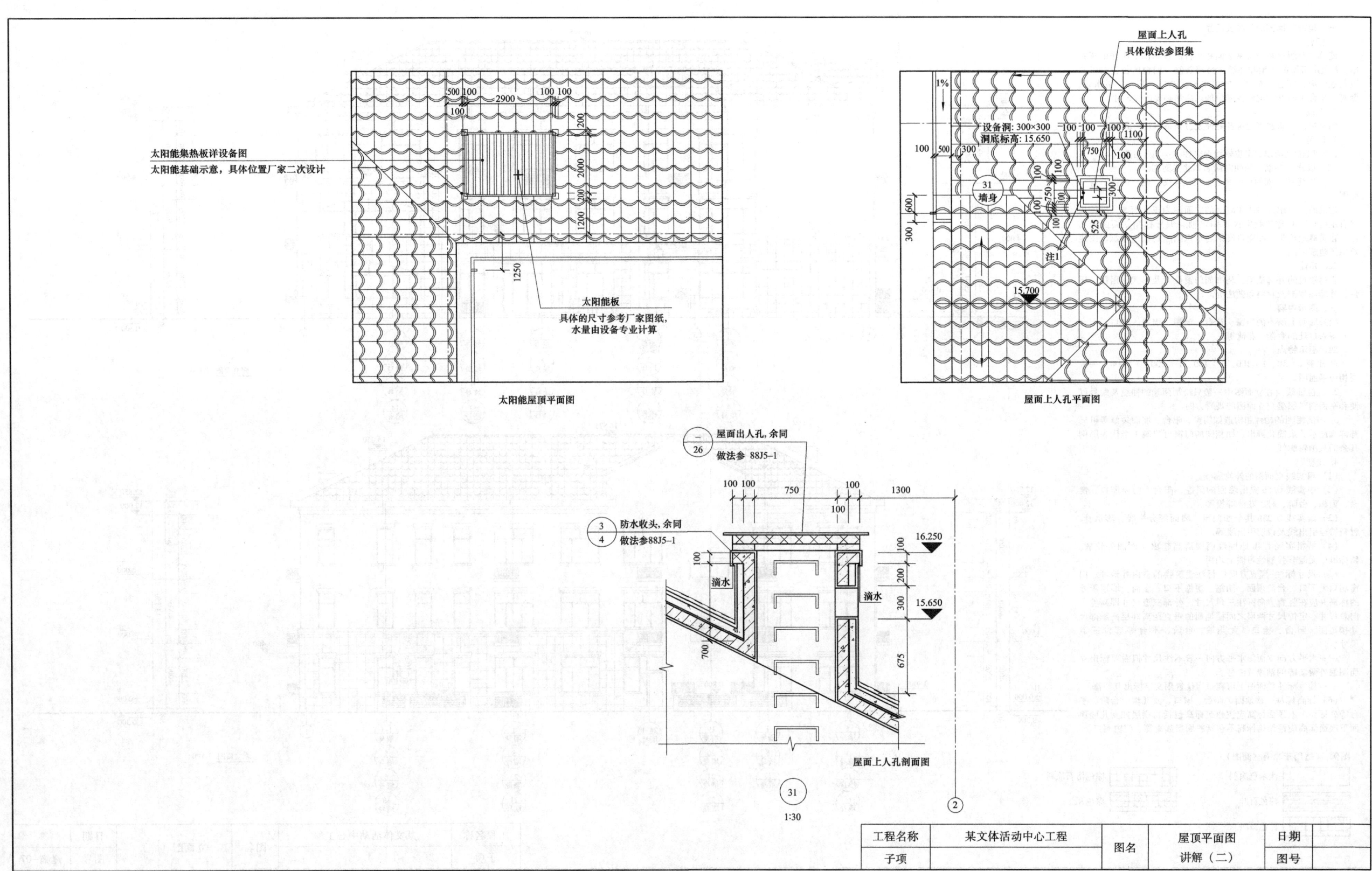

图 3-22 屋顶平面图讲解（二）

一、建筑立面图的形成及用途

1. 概念
建筑立面图是在与房屋立面相平行的投影面上所作的正投影。h表示房屋的体型和外貌、外墙装修、门窗的位置与形式以及遮阳扳、窗台、窗套、屋顶水箱、檐口、雨水管、勒脚、平台等构造和配件各部位的标高和必要的尺寸。

2. 形成
用直接正投影法将建筑各侧面投射到基本投影面而成。

3. 图名
（1）以建筑两端的定位轴线命名如①~⑦立面图。
（2）以建筑各墙面的朝向命名如北立面图。
（3）以建筑墙面的特征命名如正立面图、侧立面图、背立面图。
建筑的主要出入口所在墙面的立面图为正立面图，国标规定有定位轴线的建筑物宜根据两端轴线编号标注立面图的名称。建筑概论建筑识图建筑概论建筑识图建筑概论建筑识图建筑识图建筑识图。

二、用途
表达建筑的外部造型、装饰如门窗位置及形式、雨篷、阳台、外墙面装饰及材料和做法等。

三、图示内容
绘外墙面上所有的门窗、窗台、窗楣、雨篷、檐口、阳台及底层入口处的台阶、花池等。

四、图示特点
1. 比例1:50、1:100、1:150、1:200、1:300。一般同相应平面图。
2. 定位轴线 在立面图中一般只绘制两端的轴线及编号以便和平面图对照确定立面图的观看方向。
3. 图例相同的构件和构造如门窗、阳台、墙面装修等可局部详细图示其余简化画出。如相同的门窗可只画1个代表图例其余的只画轮廓线。
4. 线型
（1）粗实线立面图的外轮廓线。
（2）中实线0.5b 突出墙面的雨篷、阳台、门窗洞口、窗台、窗楣、台阶、柱、花池等投影。
（3）细实线0.25b 其余如门窗、墙面等分格线、落水管、材料符号引出线及说明引出线等。
（4）特粗实线1.4b 地坪线两端适当超出立面图外轮廓。新标准中无但非强制性习惯上均用。
（5）尺寸标注-竖直方向应标注建筑物的室内外地坪、门窗洞口上下口、台阶顶面、雨篷、房檐下口、屋面、墙顶等处的标高并应在竖直方向标注三道尺寸。外部三道尺寸即高度方向总尺寸、定位尺寸两层之间楼地面的垂直距离即层高细部尺寸楼地面、阳台、檐口、女儿墙、台阶、平台等部位三道尺寸。
——水平方向立面图水平方向一般不注尺寸但需要标出立面图最外两端墙的轴线及编号。
——其他标注立面图上可在适当位置用文字标出其装修。
（6）标高标注 楼地面、阳台、檐口、女儿墙、台阶、平台等处标高。上顶面标高应注建筑标高包括粉刷层如女儿墙顶面下底面标高应注结构标高不包括粉刷层如雨篷、门窗洞口。

图例：(适用于所有立面图)

浅米色涂料	棕色仿石涂料
棕色百叶	棕色瓦
棕色涂料	

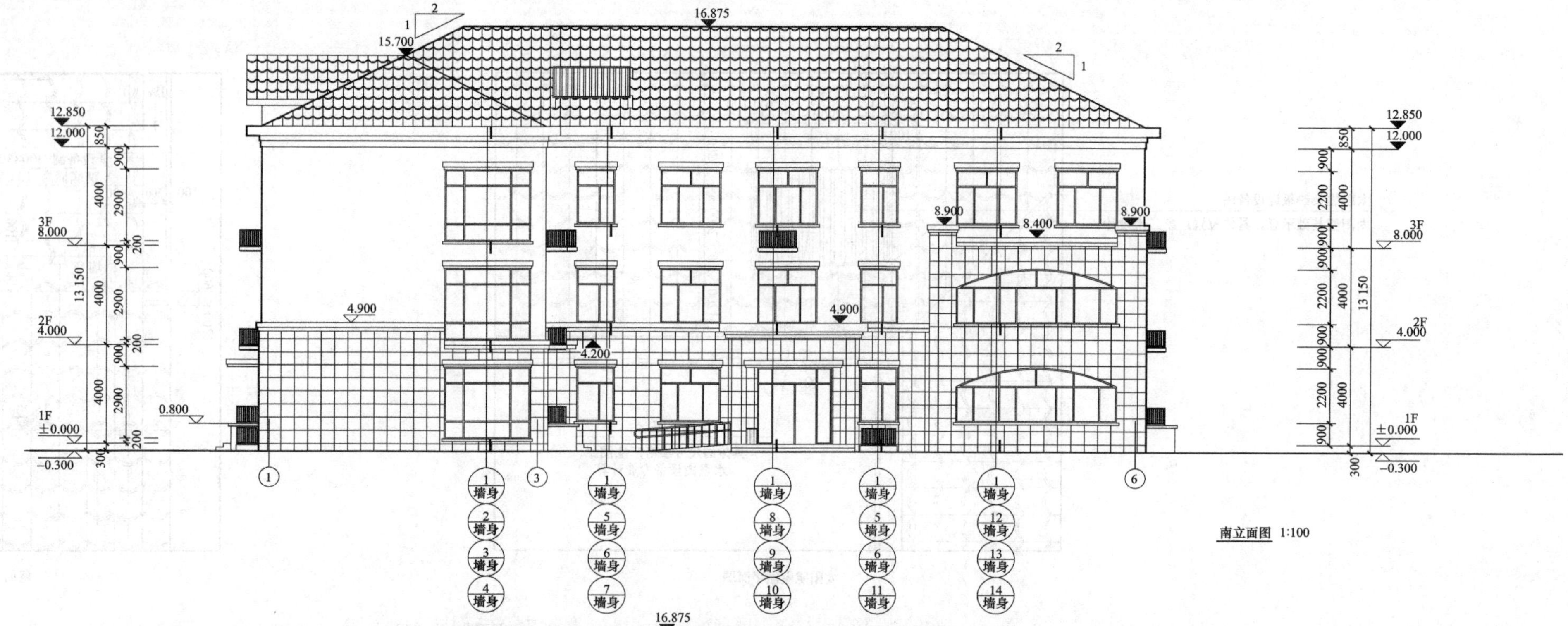

南立面图 1:100

北立面图 1:100

工程名称	某文体活动中心工程	图名	立面图（一）	日期	
子项				图号	建施-07

图 3-23 立面图（一）

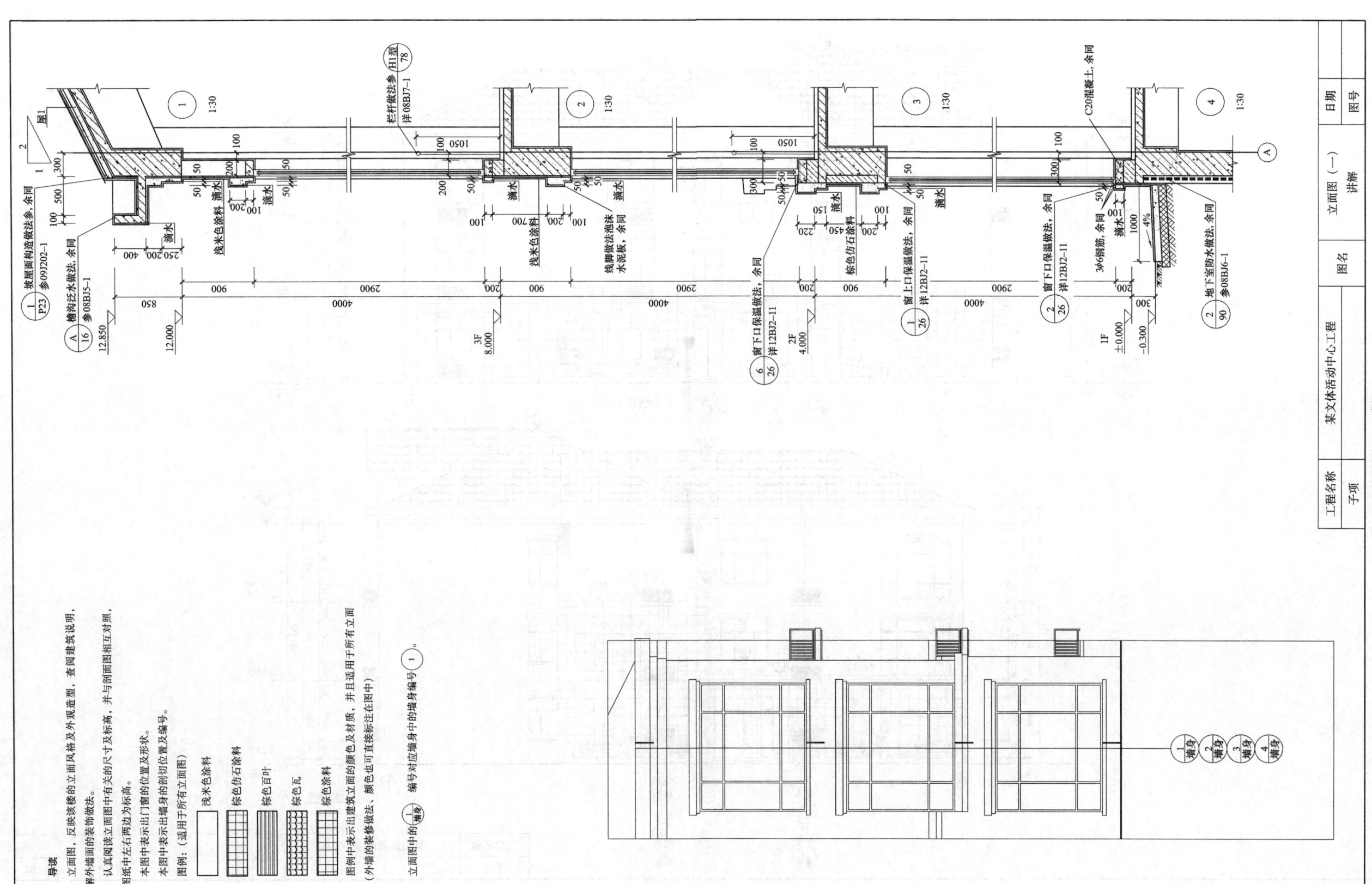

图 3-24 立面图（一）讲解

图3-25 立面图（二）

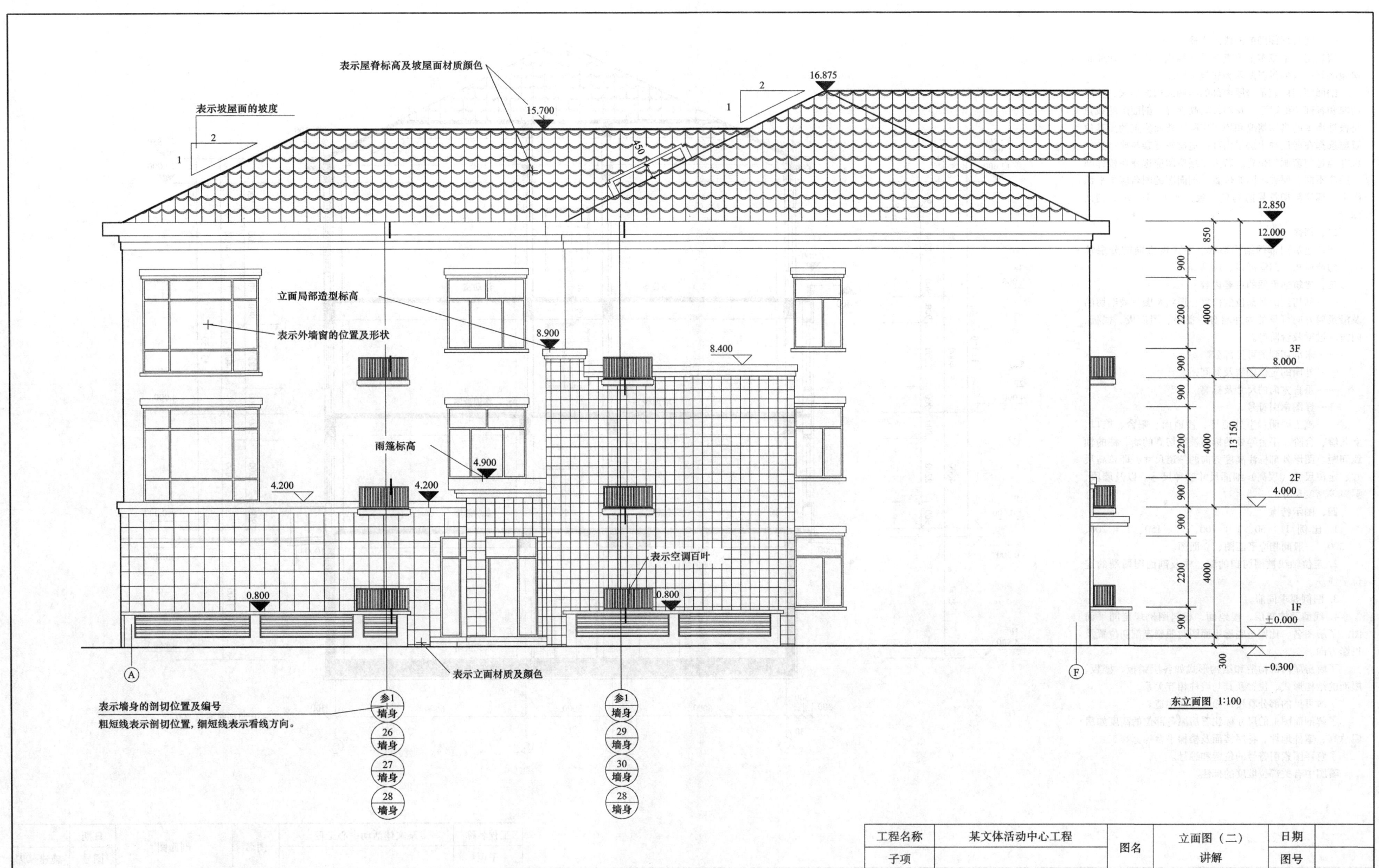

图 3-26 立面图（二）讲解

一、建筑剖面图的形成及用途

假想用一个或多个垂直于外墙轴线的铅垂剖切面将房屋剖开所得的投影图称为建筑剖面图。

剖面图用以表示房屋内部的结构或构造形式、分层情况和各部位的联系、材料及其高度等。剖面图的数量是根据房屋的具体情况和施工实际需要而决定的。其位置应选择在能反映出房屋内部构造比较复杂与典型的部位并通过门窗洞的位置。若为多层房屋应选择在楼梯间或层高不同、层数不同的位置。剖面图的图名应与平面图上所标注剖切符号的编号一致,如1—1、2—2剖面图等。

二、用途

表达建筑内部的结构形式、沿高度方向的分层情况、构造做法、门窗洞口、层高等。

三、建筑剖面图的主要内容

——剖切到的各部位的位置、形状及图例被剖切的及沿投射方向可见的内外墙身、楼梯、屋面板、楼板、门窗、过梁及台阶等。

——未剖切到的可见部分。

——外墙的定位轴线及其间距。

——垂直方向的尺寸及标高。

——详图索引符号

——施工说明:室外地坪、楼地面、阳台、檐口、女儿墙、台阶、平台等处的标高被剖切到的墙、柱的轴线间距。图形外部标注高度方向的三道尺寸,即总高尺寸、定位尺寸(层高)细部尺寸三种尺寸。以及墙段、洞口等高度尺寸。

四、图示特点

1. 比例 1∶50、1∶100、1∶150、1∶200、1∶300。一般同相应平面图、立面图。
2. 定位轴线被剖切到的墙、柱及剖面图两端的定位轴线。
3. 图例要求同前。
4. 线型及抹灰层、楼地面、材料图例规定同平面图。了解图名、比例与底层平面图对照确定剖切位置及投影方向。

了解房屋内部构造和结构形式如各层梁板、楼板、屋面的结构形式、位置及其与墙柱相互关系。

了解可见的部分看楼地面、屋面构造。

了解剖面图上的尺寸标注看房屋各部位的高度如房屋总高、室外地坪、各层楼面及楼梯平台等标高。

了解详图索引符号的位置和编号。

看图中有关部位坡度的标注。

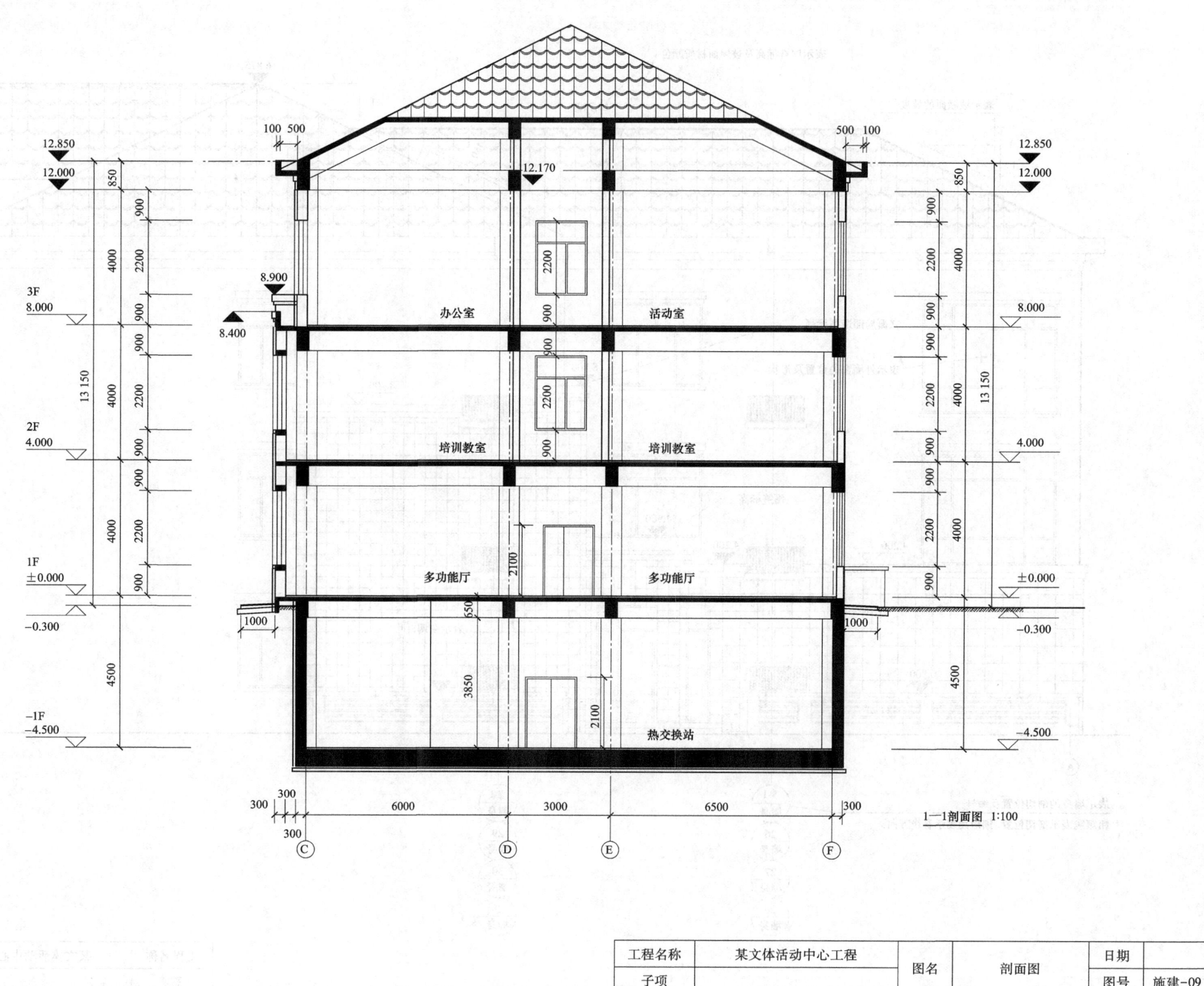

图 3-27 剖面图

导读

本层为文体活动中心1—1剖面图。剖切位置详一层平面图。

由图可知,剖面图的竖向尺寸标准为三道,最外侧一道为建筑总高尺寸,从室外地坪起标到檐口或女儿墙顶为止。标准建筑物的总高。中间一道尺寸为建筑层高尺寸,标注建筑各层层高。最里边一道为细部尺寸标准墙段及洞口尺寸。

从本图中可知,本建筑物外墙上一部分窗的该读为2100mm,窗台高度为1000mm。

从本图可知本楼建筑高度为16.2m。

剖面内部主要表示剖到的墙体及门高。

从本图可知建筑的内部门高为2400mm。门口上方要做过梁。

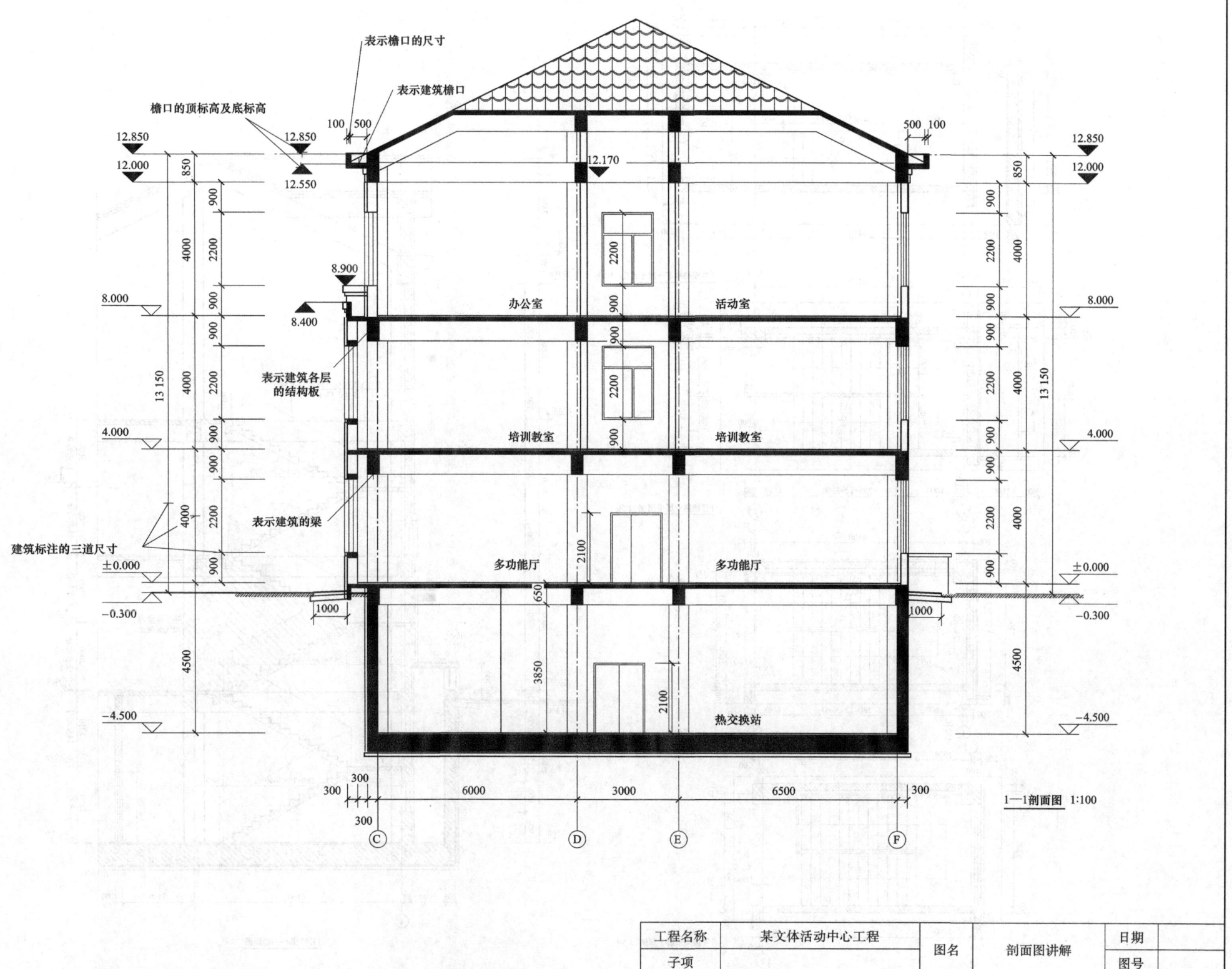

图3-28 剖面图讲解

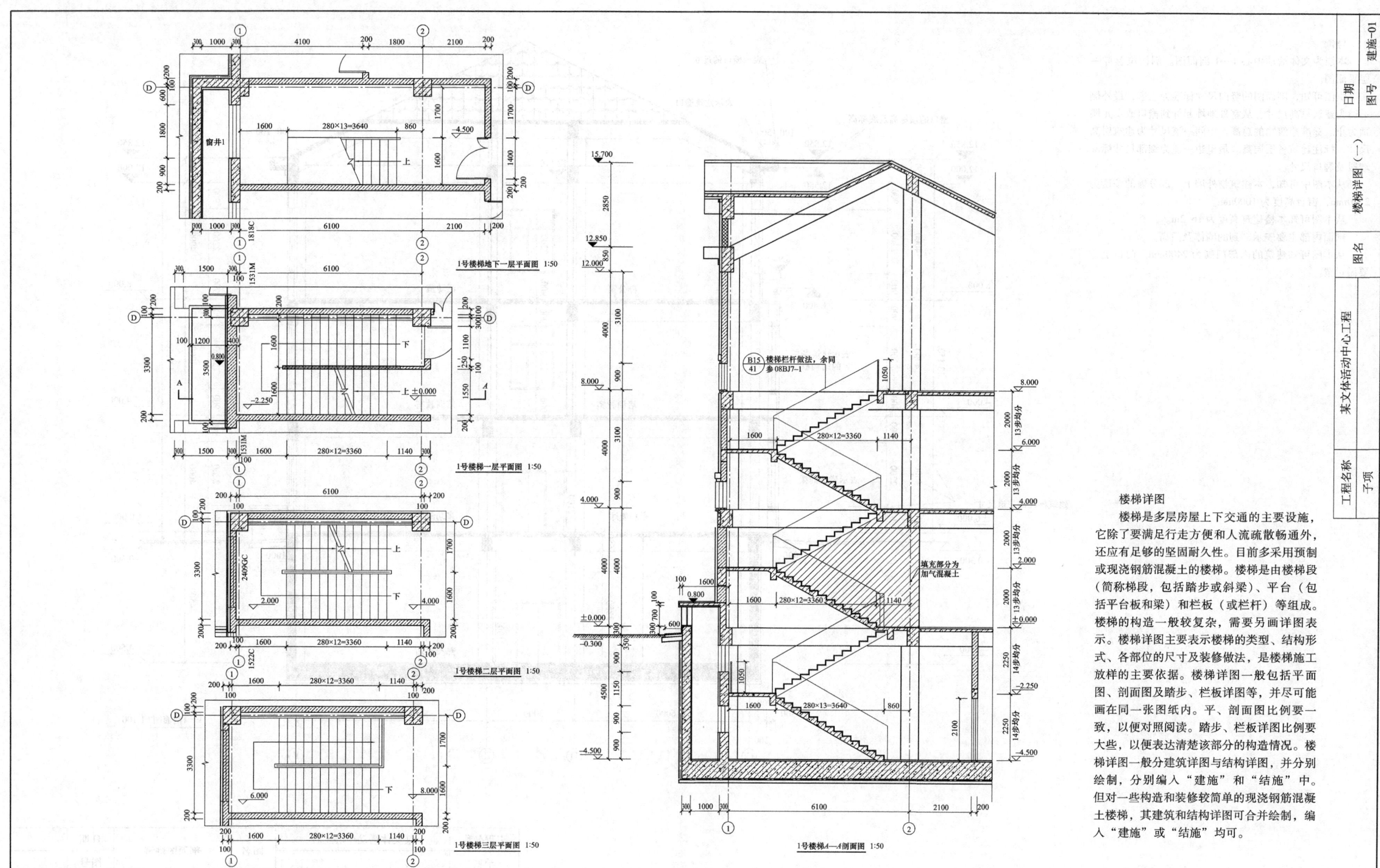

图 3-29 楼梯详图（一）

导读

本层为文体活动中心1号楼梯详图。

由2号楼梯一层平面图楼梯的相应剖切位置及投影方向可知楼梯剖面图名为1号楼梯A—A剖面图。

了解梯在平面图中的位置关系及轴线不知情况。

了解梯间、梯段、梯井、休息平台的平面形式和尺寸以及楼梯踏步的宽度和踏步数。

了解梯间处的墙、柱、门窗平面位置及尺寸。

了解梯间的走向及上、下起步的位置,由各层平面图上的指示线,可看出楼梯的方向。

了解各层平台的标高。

了解楼梯中间平台宽度1700mm。梯段长度为280mm×12=3360mm。

了解楼梯的竖向尺寸及各处标高。图中标注了每个梯段的高度。

识读楼梯详图的方法与步骤:

(1) 查明轴线编号,了解楼梯在建筑中的平面位置和上下方向。

(2) 查明楼梯各部位的尺寸。包括楼梯间的大小、楼梯段的大小、踏面的宽度、休息平台的平面尺寸等。

(3) 按照平面图上标注的剖切位置及投射方向结合剖面图阅读楼梯各部位的高度。包括地面、休息平台、楼面的标高及踢面、楼梯间门窗洞口、栏杆、扶手的高度等。

(4) 弄清栏杆(板)、扶手所用的材料及连接做法。

(5) 结合建筑设计说明,查明踏步(楼梯间地面)、栏杆、扶手的装修方法。包括踏步的具体做法栏杆、扶手(金属、木材等)及其油漆颜色和涂刷工艺等。

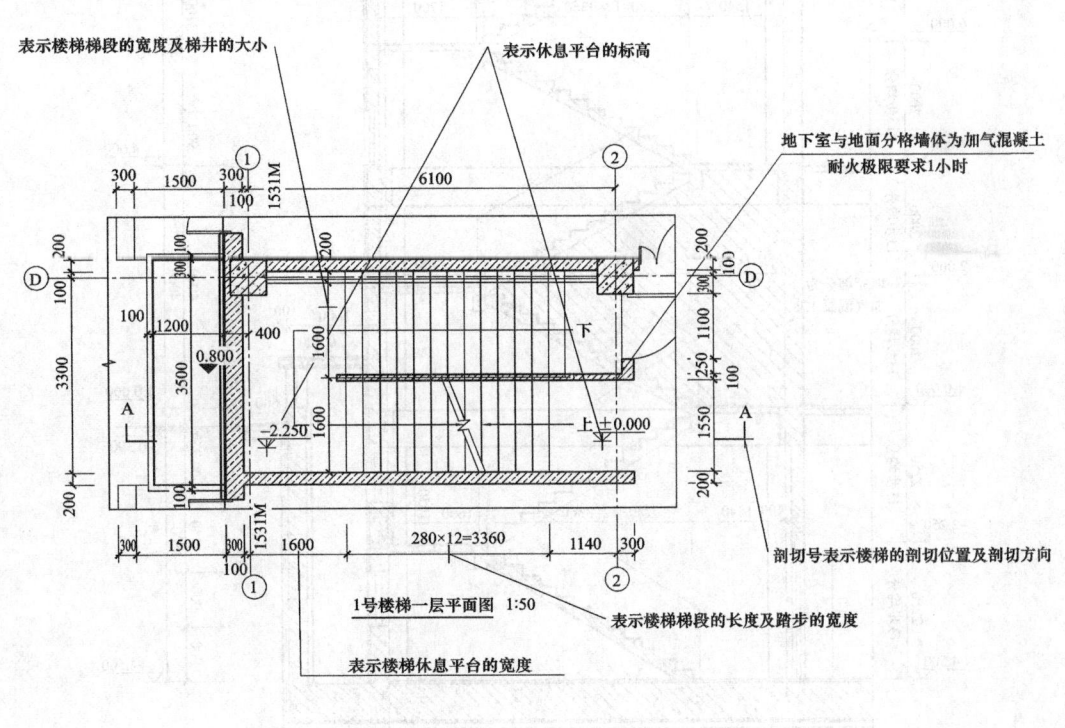

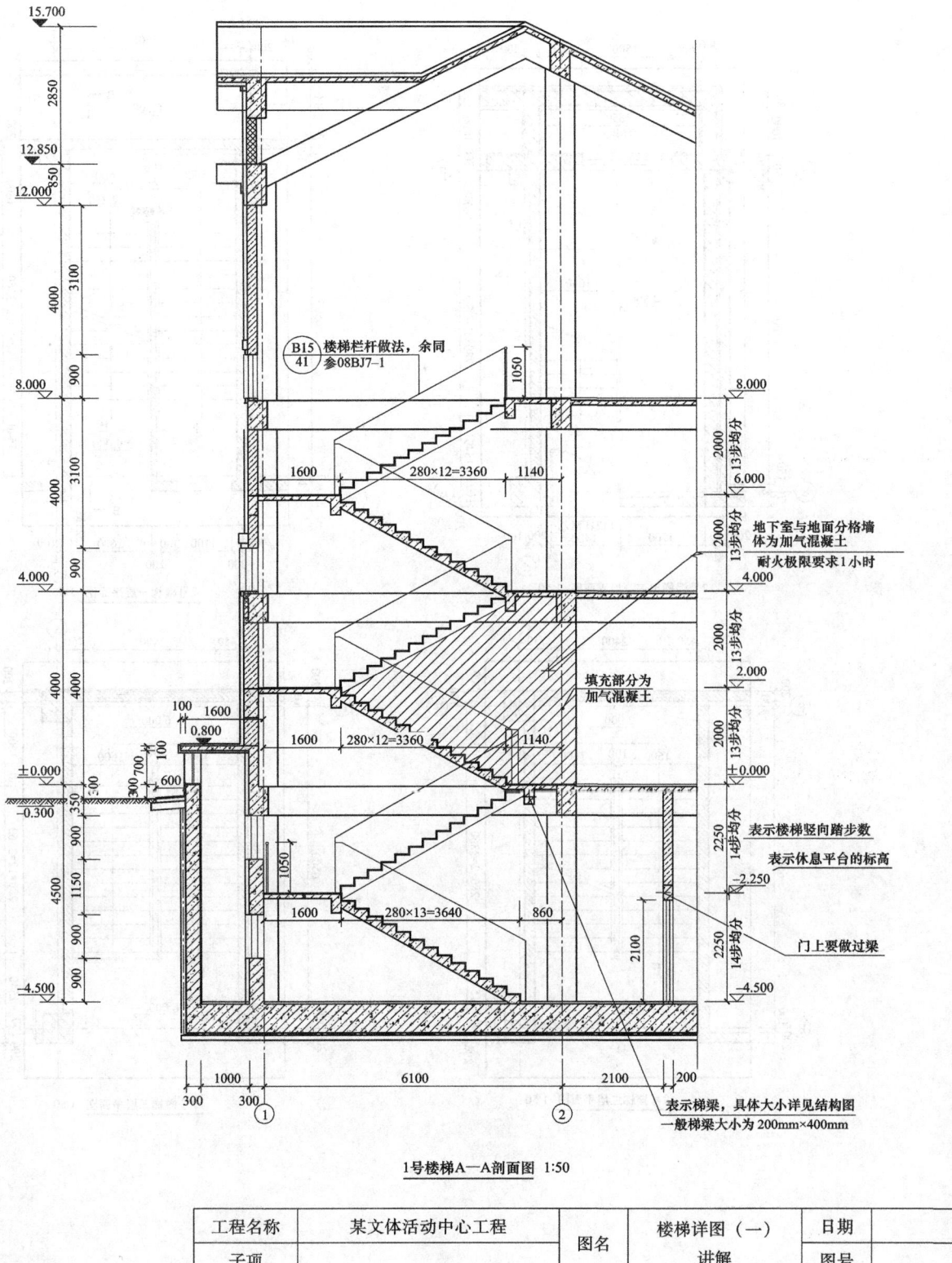

图 3-30 楼梯详图(一)讲解

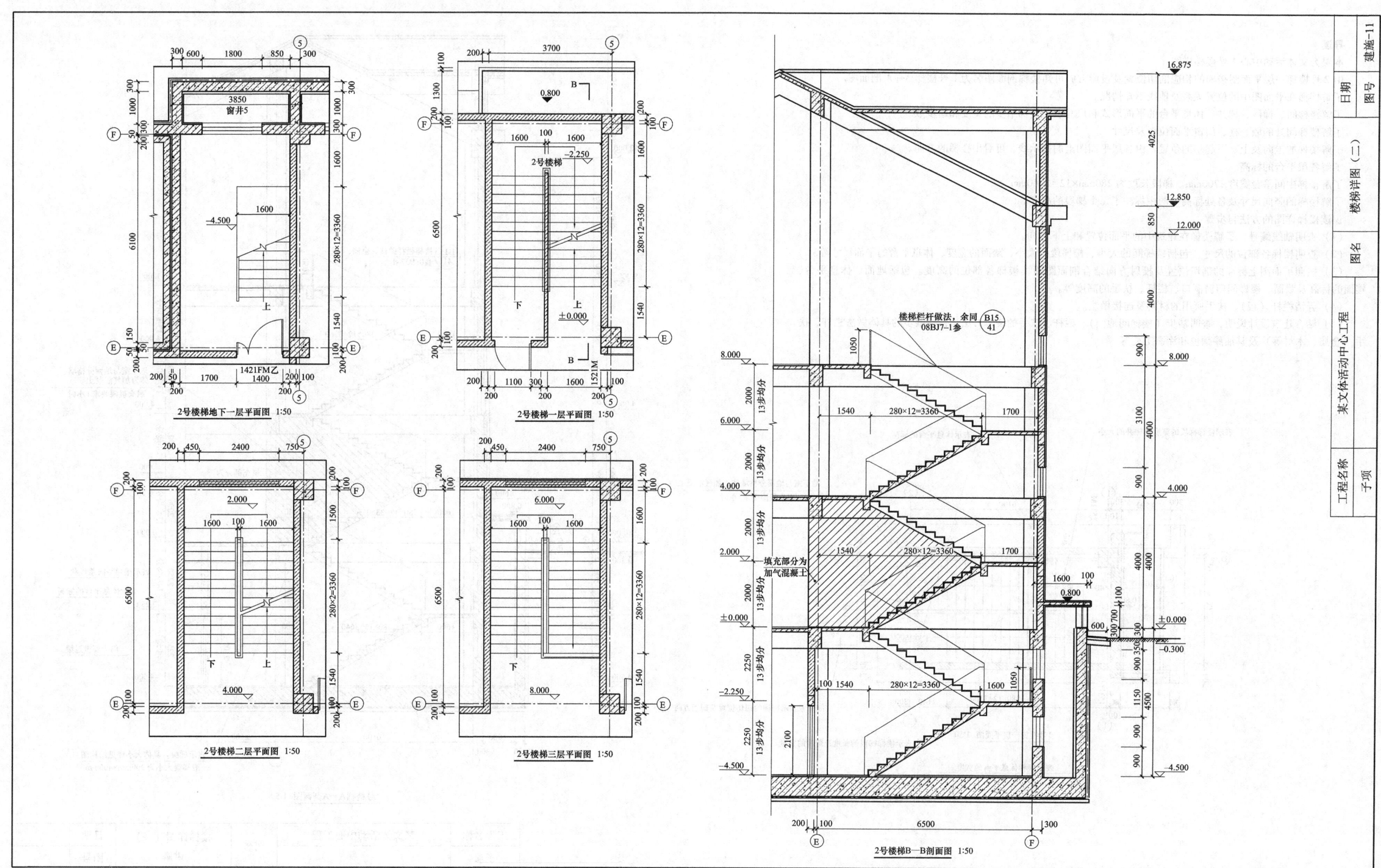

图 3-31 楼梯详图（二）

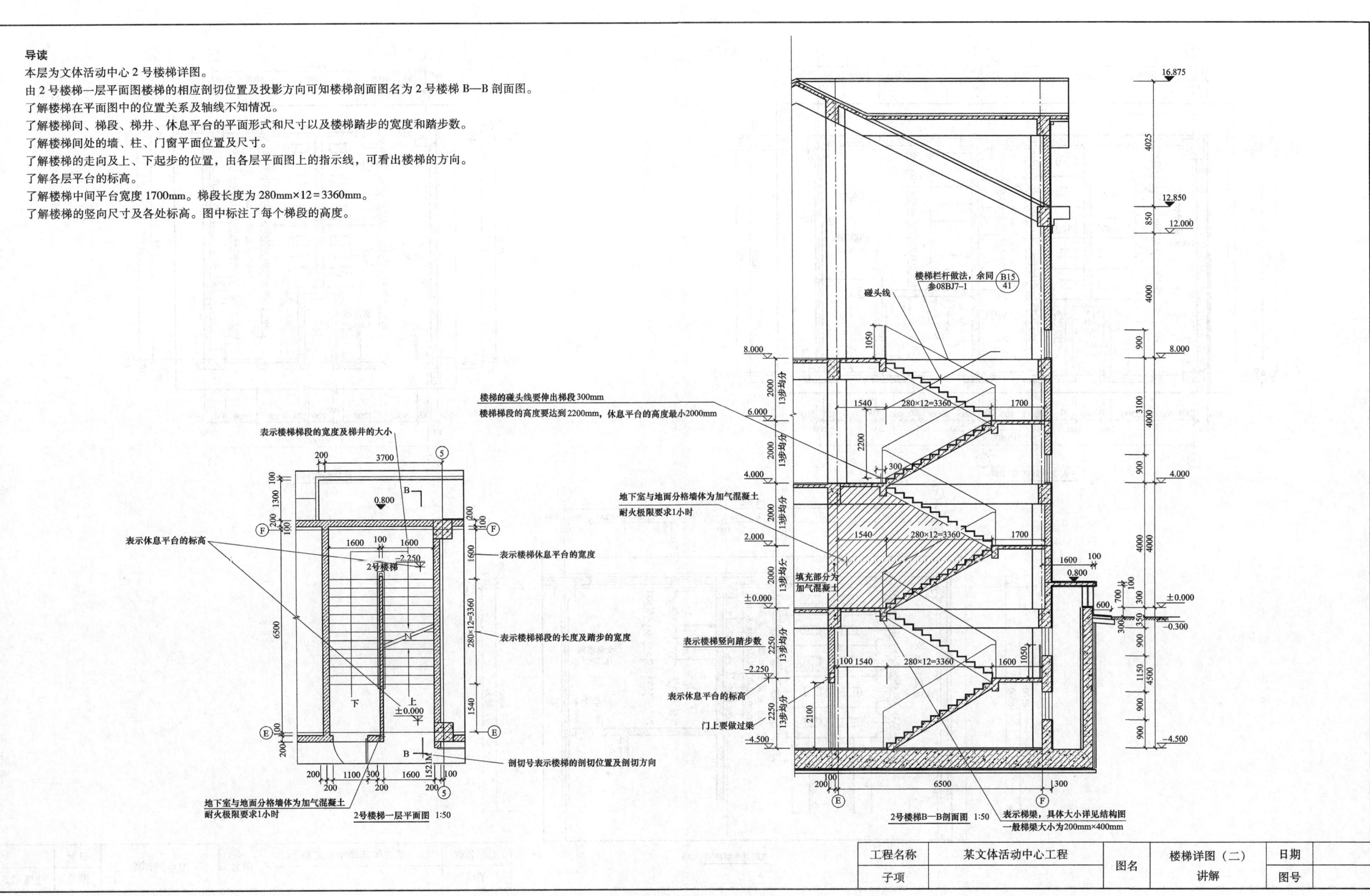

图3-32 楼梯详图（二）讲解

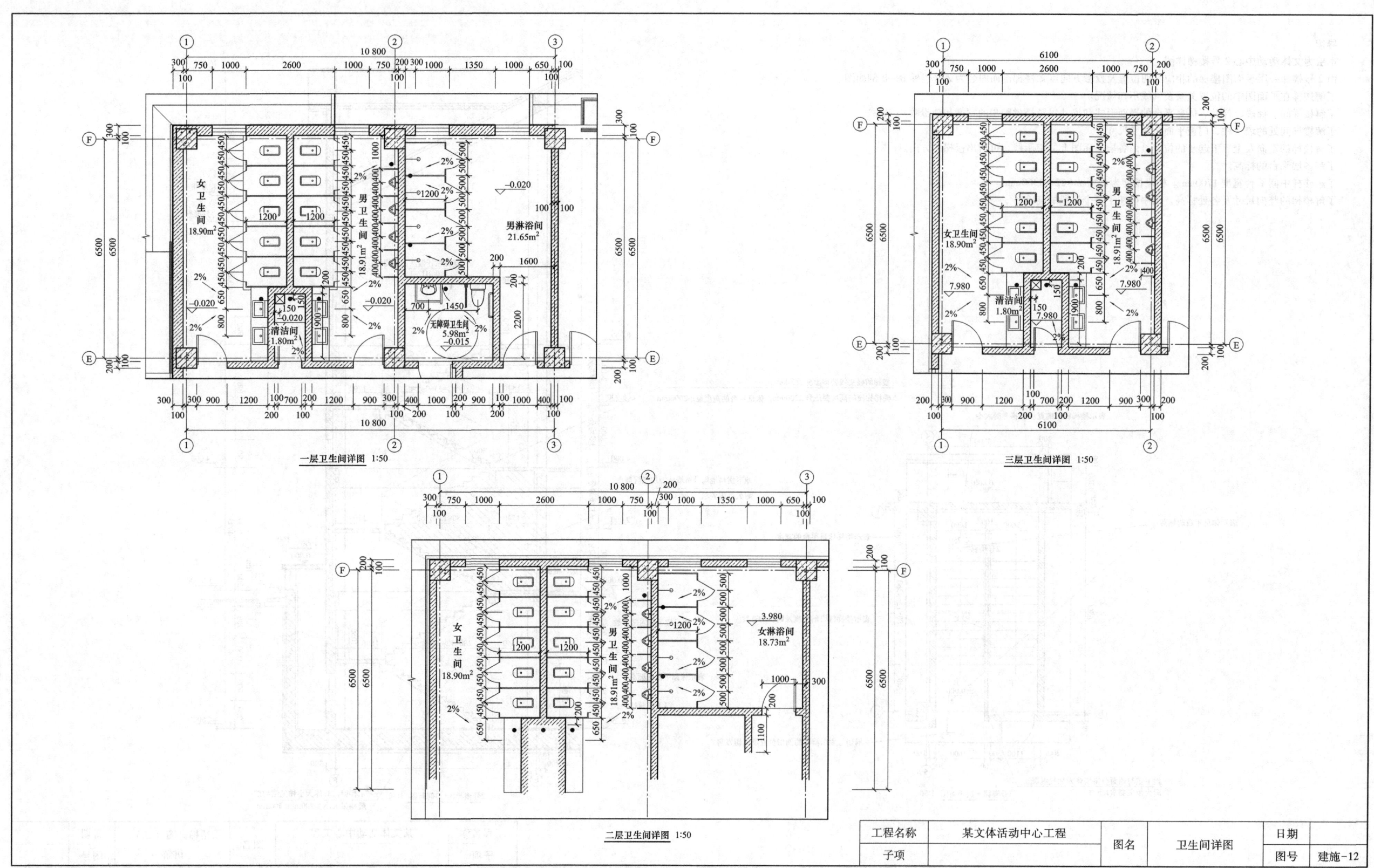

图 3-33 卫生间详图

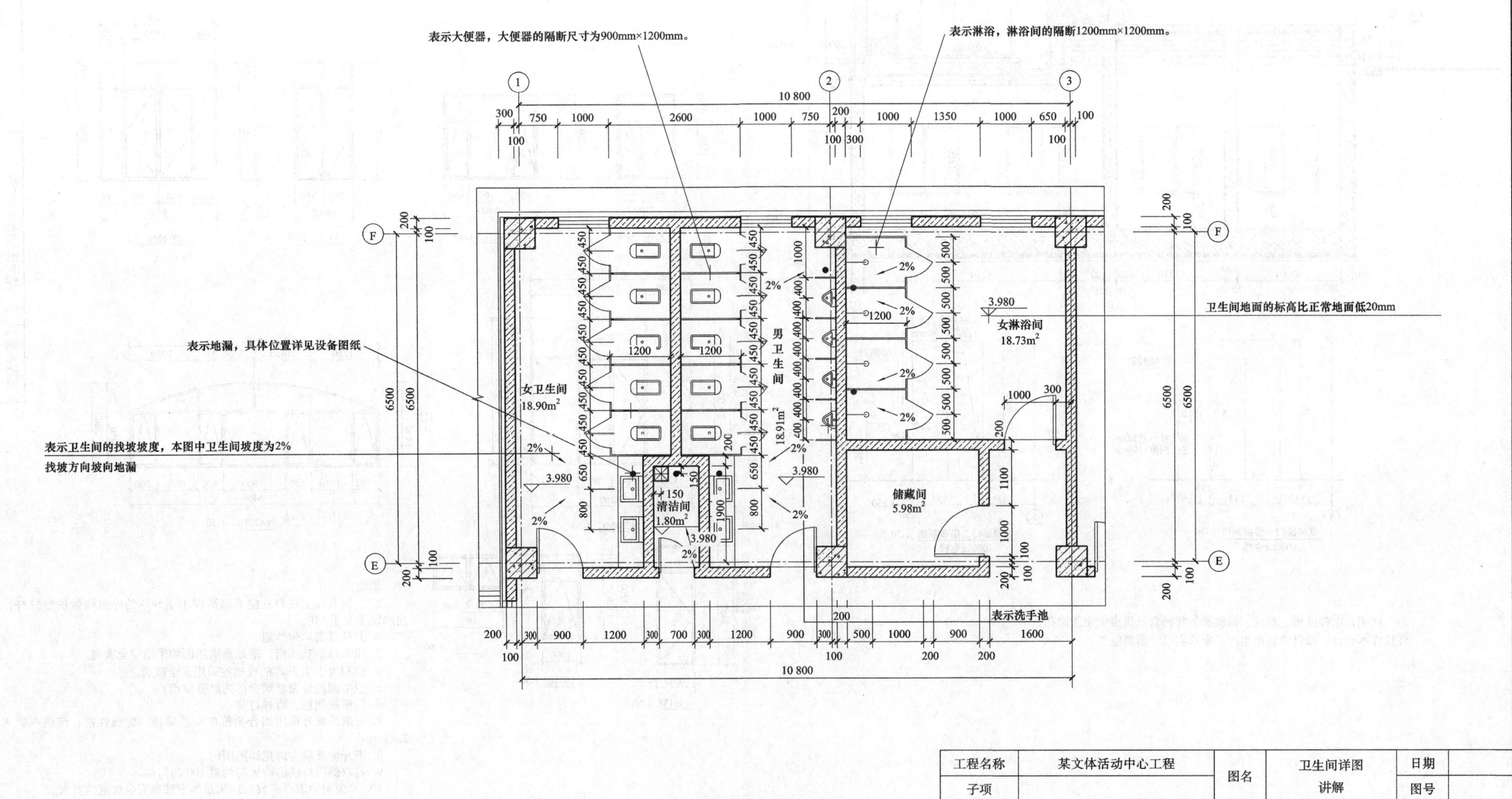

图 3-34 卫生间详图讲解

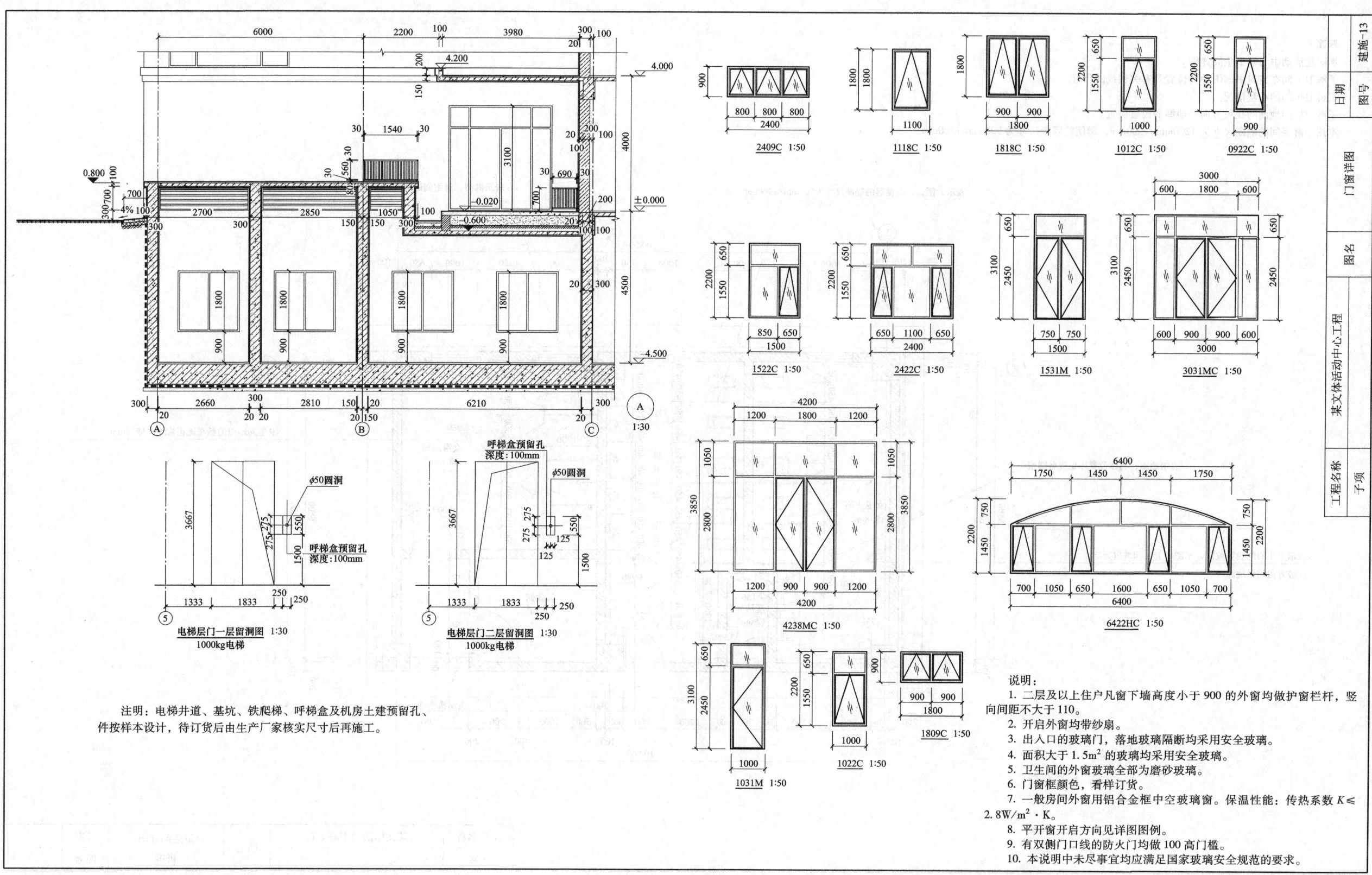

图 3-35 门窗详图

导读

本图为文体活动中心的门窗详图及门窗表。

了解立面图上窗洞口尺寸应与建筑平面、里面、剖面的洞口尺寸一致。

了解立面图表示窗框、窗扇的大小及组成形式，窗扇的开启方向。

门窗立面分隔尺寸均满足《全国民用建筑工程设计技术措施》的要求。

图中所注门窗尺寸均为洞口尺寸，厂家制作门窗时另留安装尺寸，其节点构造由厂家自行设定。

门和窗是建筑中的两个围护部件，门的主要功能是供交通出入，分隔联系建筑空间，建筑外墙上的门有时也兼起采光、通风作用。

窗的主要功能是采光、通风、观察及递物。在民用建筑中，制造门窗的材料有木材、钢、铝合金、塑料及玻璃。

建筑中使用的门窗尺寸、数量及需要文字说明，见门窗表。

门窗详图，通常由各地区建筑主管部门批准发行的各种不同规格的标准图集，供设计者选用。若采用标准图集，则在施工图中只说明该详图所在标准图集中的编号即可。如果未采用标准图集，则必须画出门窗详图。

门、窗详图有立面图、节点图、断面图和门窗扇立面图等组成。

（1）门、窗立面图常用1：20的比例绘制。门、窗立面图的尺寸一般在竖直和水平方向各标注三道最外一道为洞口尺寸中间一道为门窗框外包尺寸里边一道为门窗扇尺寸。

它主要表达门、窗的外形、开启方式和分扇情况以门、窗向着室外的面作为正立面。

门、窗扇向室外开者称外开，反之为内开。门、窗立面图上开启方向外开用两条细斜实线表示如用细斜虚线表示则为内开。斜线开口端为门、窗开启端斜线相交端为安装铰链端。如右图中门窗扇为外开平开门铰链装在左端门上亮子为中悬窗的上半部分转向室内下半部分转向室外。

（2）节点详图节点详图常用1：10的比例绘制。节点详图主要表达各门窗框、门窗扇的断面形状、构造关系以及门、窗扇与门窗框的连接关系等内容。习惯上将水平或竖直方向上的门、窗节点详图依次排列在一起分别注明详图编号门、窗节点详图的尺寸主要为门、窗料断面的总长、总宽尺寸。除此之外还应标出门、窗扇在门、窗框内的位置尺寸。

（3）门、窗料断面图门、窗料断面图的断面图所注断面尺寸为净料的总长、总宽尺寸通常每边要留2.5mm厚的加工裕量断面图四周的虚线即为毛料的轮廓线断面外标注的尺寸为决定其断面形状的细部尺寸常用1：5的比例绘制主要用以详细说明各种不同。

（4）门、窗扇立面图常用1：20比例绘制主要表达门、窗扇形状及边框、冒头、芯板、纱芯或玻璃板的位置关系门、窗扇立面图在水平和竖直方向各标注两道尺寸外边一道为门、窗扇的外包尺寸里边一道为扣除裁口的边框或各冒头的尺寸以及芯板、纱芯或玻璃的尺寸也是边框或冒头的定位尺寸。

（5）铝合金门、窗及钢门、窗详图铝合金门窗及钢门、窗和木制门、窗相比在坚固、耐火和密闭等性能上都较优越而且节约木材，透光面积较大，各种开启方式如平开、翻转、立转、推拉等都可适应。因此已大量用于各种建筑上。铝合金门、窗及钢门、窗的立面图表示方式及尺寸标注与木门、窗的立面图表达方式及尺寸标注一致其门、窗料断面形状与木门、窗料断面形状不同。但图示方法及尺寸标注要求与木门、窗相同。各地区及国家已有相应的标图集。例如，"HPLC"为"滑轴平开铝合金窗"，"TLC"为"推拉铝合金窗"，"PLM"为"平开铝合金门"，"TLM"为"推拉铝合金门"等。

识图注意：
（1）详图的、名称比例。
（2）详图符号及编号。
（3）详图所表示的构、配件各部位的形状、材料、尺寸及作法。
（4）需要标注的定位轴线及编号。
（5）需要标注的定位轴线及编号。

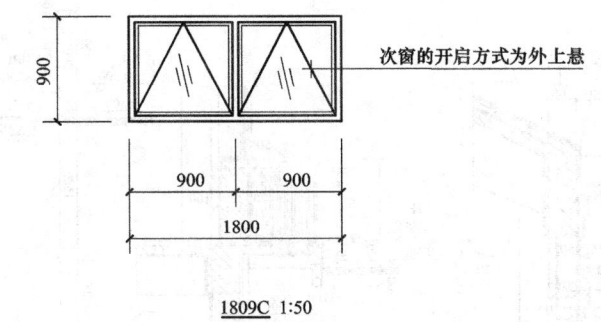

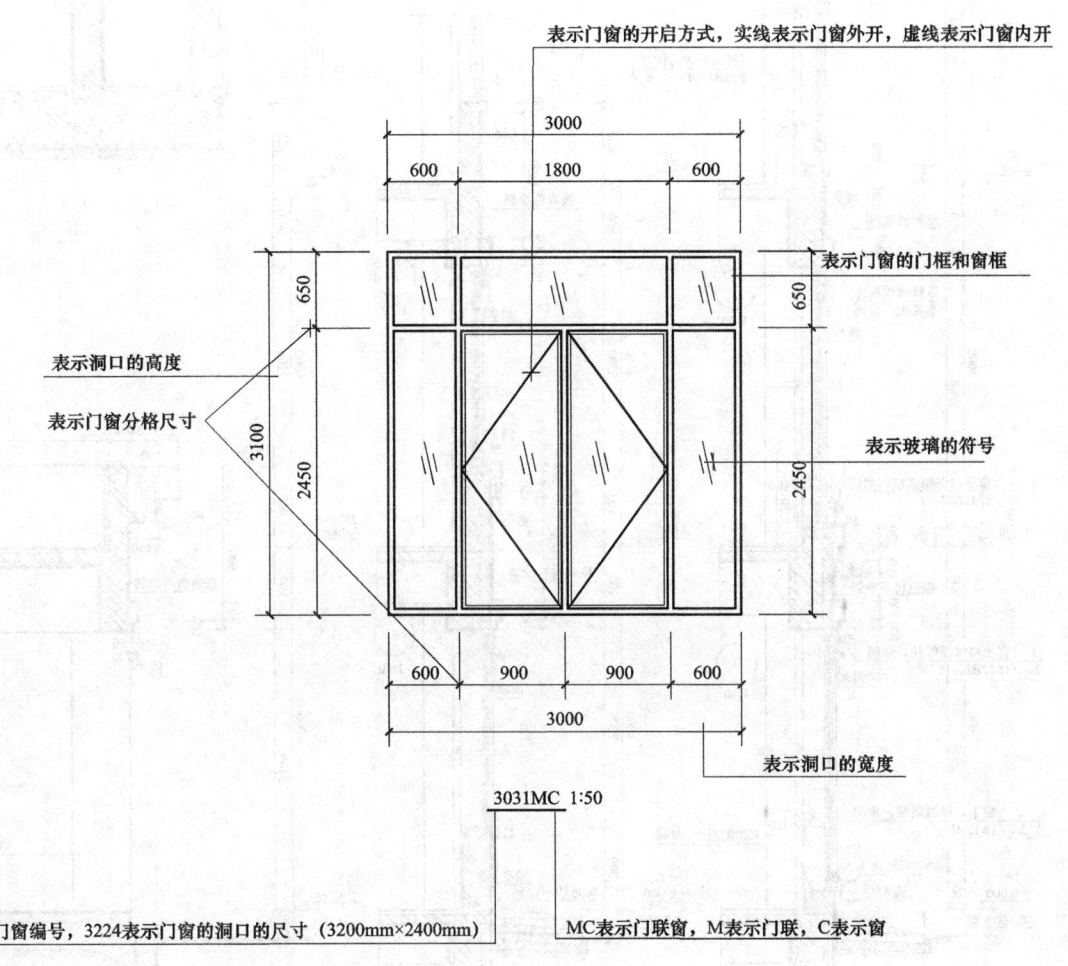

图3-36 门窗详图讲解

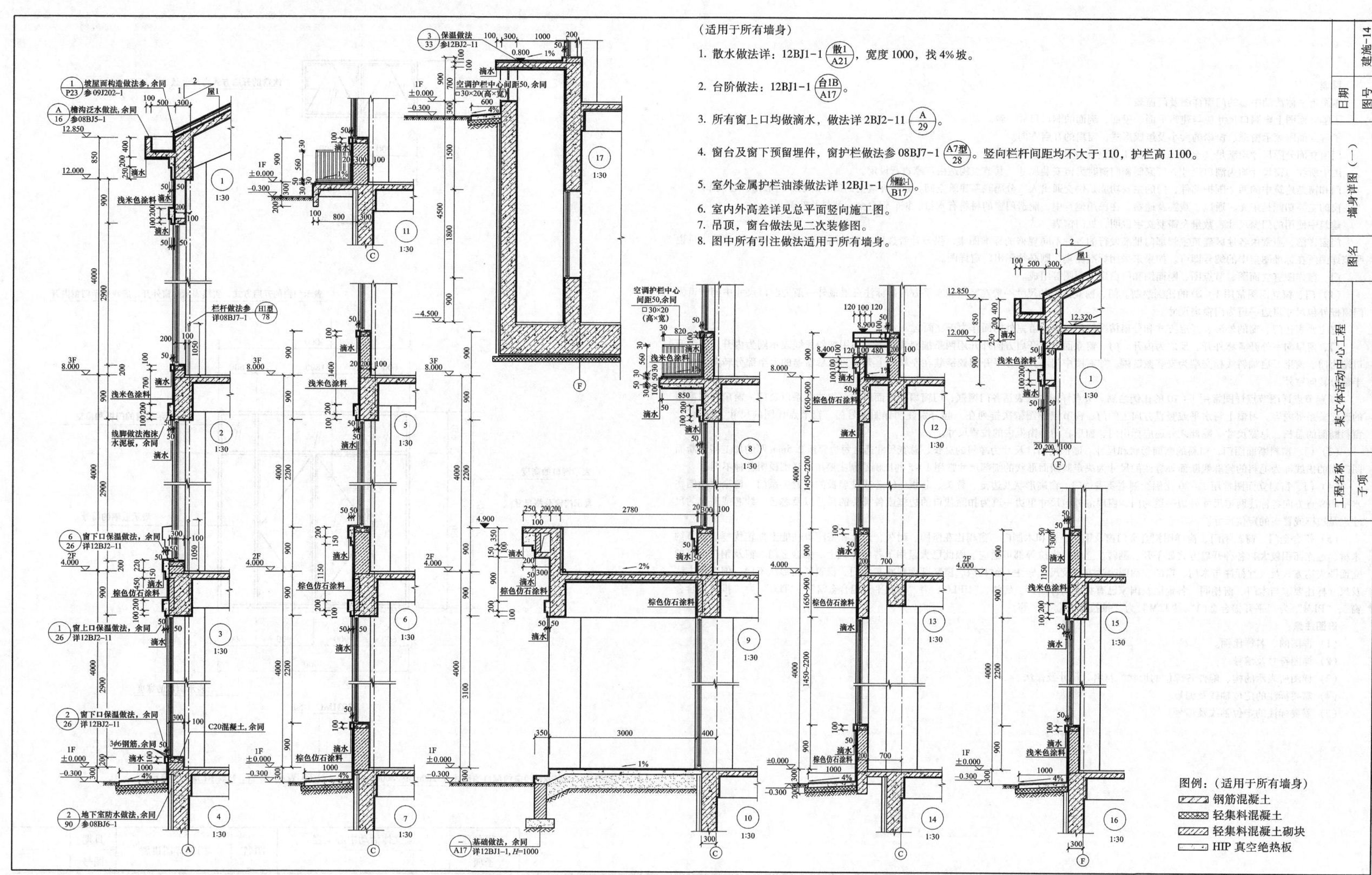

图 3-37 墙身详图（一）

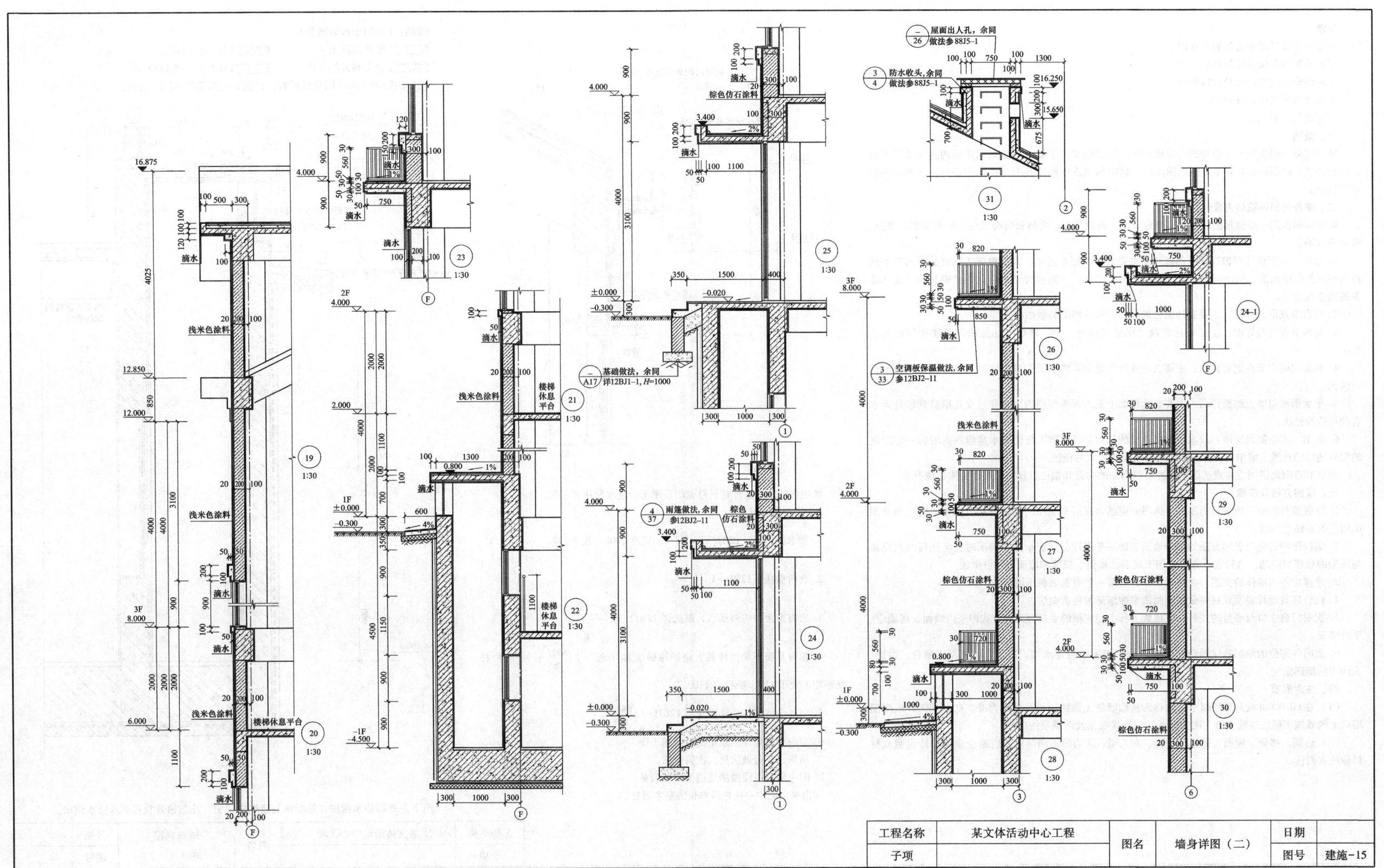

图 3-38 墙身详图（二）

导读

本图为文体活动中心的墙身详图。

了解建筑各部位的建筑做法。

了解门窗的洞口尺寸及窗口做法。

了解建筑外墙的装饰做法。

了解建筑立面造型。

一、概述

墙身剖面详图实际上是墙身的局部放大图,详尽地表达了墙身从基础到屋顶的各主要节点的构造和做法。画图时常将各节点剖面连在一起中间用折断线断开个节点详图都分别注明详图符号和比例。

二、墙身剖面详图的内容

墙身剖面详图一般包括檐口节点、窗台节点、窗顶节点、勒脚和明沟节点、屋面雨水口节点、散水节点等。

1. 檐口节点剖面详图檐口节点剖面详图主要表达顶层窗过梁、屋顶根据实际情况画出它的构造与构配件或屋面梁、屋面板、室内顶棚、天沟、雨水口、雨水管和水斗、架空隔热层、女儿墙等的构造和做法。

2. 窗台节点剖面详图:主要表达窗台的构造以及外墙面的做法。

3. 窗顶节点剖面详图:主要表达窗顶过梁处的构造,内、外墙面的做法以及楼面层的构造情况。

4. 勒脚和明沟节点剖面详图:主要表达外墙脚处的勒脚和明沟的做法以及室内底层地面的构造情况。

5. 屋面雨水口节点剖面详图:主要表达屋面上流入天沟板槽内雨水穿过女儿墙流到墙外雨水管的构造和做法。

6. 散水、节点剖面详图:散水也称防水坡的作用是将墙脚附近的雨水排泄到离墙脚一定距离的室外地坪的自然土壤中去以保护外墙的墙基免受雨水的侵蚀。

散水节点剖面详图主要表达散水在外墙墙脚处的构造和做法以及室内地面的构造情况。

三、读图方法及步骤

1. 掌握墙身剖面图所表示的范围。读图时应结合首层平面图所标注的索引符号了解该墙身剖面图是哪条轴上的墙。

2. 掌握图中的分层表示方法如图中地面的做法是采用分层表示方法画图时文字注写的顺序是与图形的顺序对应的。这种表示方法常用于地面、楼面、屋面和墙面等装修做法。

3. 掌握构件与墙体的关系。楼板与墙体的关系一般有靠墙和压墙两种。

4. 结合建筑设计说明或材料做法表阅读掌握细部的构造做法。

5. 表明门窗立口与墙身的关系。在建筑工程中门窗框的立口有三种方式即平内墙面、居墙中、平外墙面。

6. 表明各部位的细部装修及防水防潮做法。如图中的排水沟、散水、防潮层、窗台、窗檐、天沟等的细部做法。

四、注意事项

(1) 在±0.000m 或防潮层以下的墙称为基础墙施工做法应以基础图为准。在±0.000m 或防潮层以上的墙施工做法以建筑施工图为准并注意连接关系及防潮层的做法。

(2) 地面、楼面、屋面、散水、勒脚、女儿墙、天沟等的细部做法应结合建筑设计说明或材料做法表阅读。

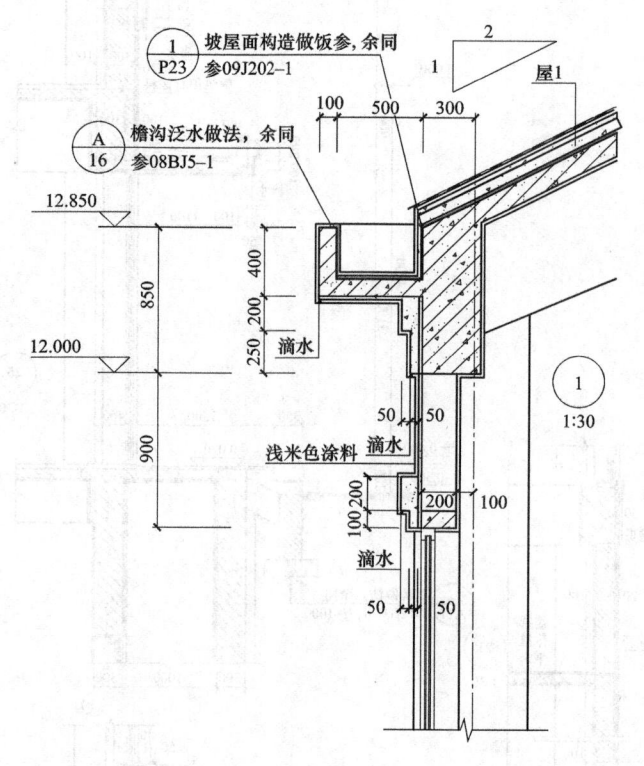

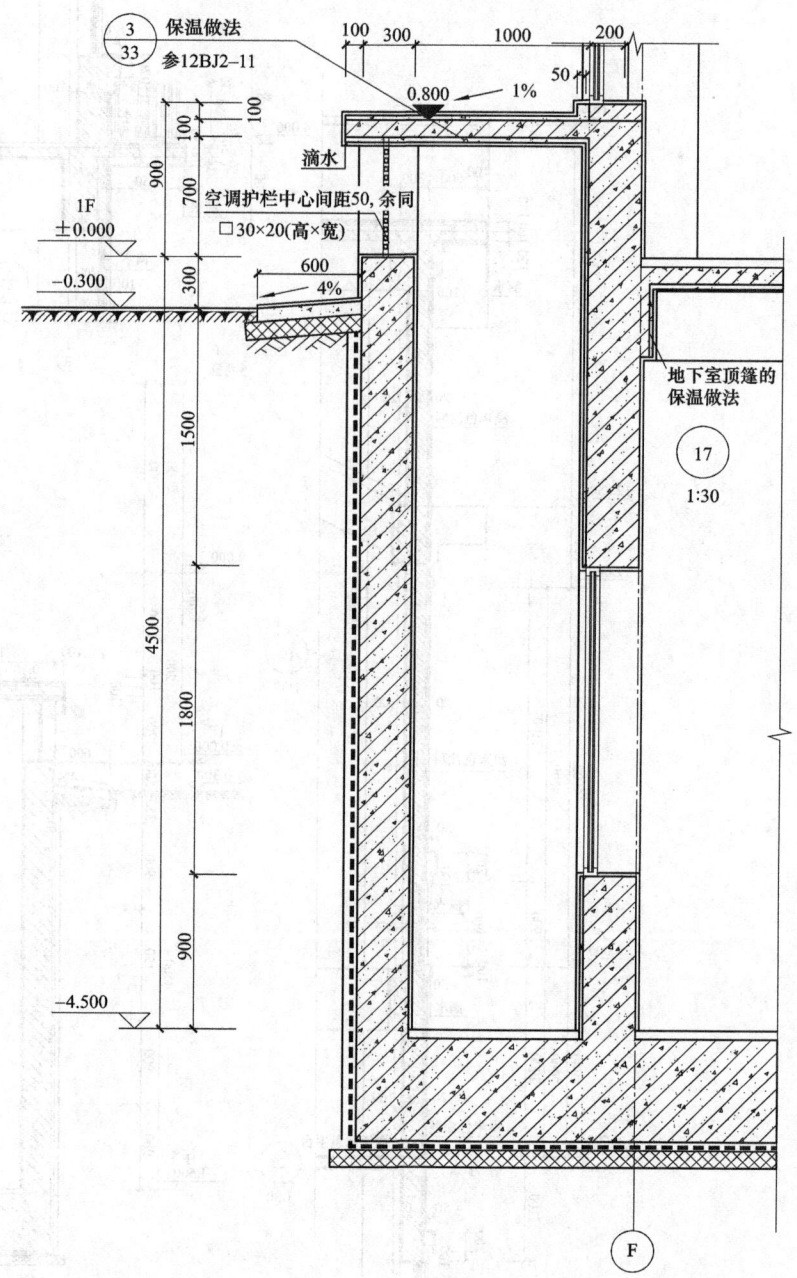

坡屋面防水做法详建筑总说明及图集,泛水做法详图集。
(适用于所有墙身)

1. 散水做法详:12BJ1-1 (散1/A21),宽度1000,找4%坡。

2. 台阶做法:12BJ1-1 (台1B/A17)。

3. 所有窗上口均做滴水,做法详12BJ2-11 (A/29)。

4. 窗台及窗下预留埋件,窗护栏做法参 08BJ7-1 (A7型/28)。竖向栏杆间距均不大于110,护栏高1100。

5. 室外金属护栏油漆做法详12BJ1-1 (外墙6-1/B17)。

6. 室内外高差详见总平面竖向施工图。

7. 吊顶,窗台做法见二次装修图。

8. 图中所有引注做法适用于所有墙身。
列出来本图中一些建筑部位的基本做法。

地下室外墙防水做法详见图集及建筑总说明,注意窗井板保温及防水做法。

工程名称	某文体活动中心工程	图名	墙身详图讲解(一)	日期
子项				图号

图 3-39 墙身详图讲解